〔美〕丽贝卡·海斯——著　　夏高娃——译

本能

INSTINCT

Rebecca Heiss

北京联合出版公司

图书在版编目（CIP）数据

本能 /（美）丽贝卡·海斯著；夏高娃译. -- 北京：
北京联合出版公司，2023.8
 ISBN 978-7-5596-6652-9

 Ⅰ.①本… Ⅱ.①丽…②夏… Ⅲ.①思维方法—通
俗读物 Ⅳ.①B804-49

中国国家版本馆CIP数据核字(2023)第116097号

北京市版权局著作权合同登记　图字：01-2022-2617号

INSTINCT: REWIRE YOUR BRAIN WITH SCIENCE-BACKED SOLUTIONS
TO INCREASE PRODUCTIVITY AND ACHIEVE SUCCESS by REBECCA HEISS
Copyright: ©2021 BY REBECCA HEISS
This edition arranged with KENSINGTON PUBLISHING CORP
through BIG APPLE AGENCY, LABUAN, MALAYSIA.
Simplified Chinese edition copyright:
2023 Beijing United Creadion Culture Media Co., LTD
All rights reserved.

本能

作　者：（美）丽贝卡·海斯		译　者：夏高娃	
出品人：赵红仕		出版监制：辛海峰　陈　江	
责任编辑：孙志文		特约编辑：陈　曦	
产品经理：于海娣		版权支持：张　婧	

北京联合出版公司出版
（北京市西城区德外大街83号楼9层　100088）
北京联合天畅文化传播公司发行
天津联城印刷有限公司印刷　新华书店经销
字数 173千字　710毫米×1000毫米　1/16　15印张
2023年8月第1版　2023年8月第1次印刷
ISBN 978-7-5596-6652-9
定价：78.00元

版权所有，侵权必究
未经书面许可，不得以任何方式转载、复制、翻印本书部分或全部内容。
如发现图书质量问题，可联系调换。质量投诉电话：010-88843286/64258472-800

致辞

谨将本书献给
所有(不再)心怀畏惧的梦想家

引言

我们的大脑并不是为当下的世界而生,而是为了应对远古危险重重且物资匮乏的环境而生。在超过20万年的漫长时光中,人类一直在发展各种本能行为,以帮助自身在异常艰险的日常中存活下来。这些本能一度是我们生存的保障,但时至今日,它们反而给我们享受充实的生活造成了阻碍。

工业革命之后,科技迅猛发展,人口大幅增加,人们的健康状况也得到了极大的改善,这一切让我们的世界在过去的200年中发生了突飞猛进的演变。然而不幸的是,相比之下,生物学运行的速度就缓慢太多了。因此,我们的本能依然在按照石器时代的方式运转,在潜意识中指引着我们去追求并不真正需要的财产、做出在当代的全新社会中可能带给我们伤害的行为。比如,我们会在本能的驱使下对"他者"心怀畏惧,但这为工作场合中的不平等和偏见提供了条件。这种本能推动着我们与同事展开恶性竞争,而不愿意跟他们合作。潜意识中最原始的指令,甚至会逼迫我们为了消灭它视为竞争对象的目标而采取欺骗的手段,在家庭生活和工作中造成毫无必要的破坏。而这一切本不必如此。我们完全可以有意识地做出改变——就从现在开始。

这本书的目标主要是帮助各位读者在某一类本能发挥作用时对它有所觉察，并且明白它为什么与当前的环境不匹配；了解上述本能试图达成何种结果；最后再活用本书中所提供的本能干预技巧，来推动自己在行动、理念和经验上达成一致，从而获得预想中的积极结果。讲得更明白一点就是，本能并不"坏"，但它们也并不一定就是"好"的。本能本身无法用道德层面的好坏来定义，只有它们导致的后果可以根据具体的情形被定义为积极的或者消极的。

拜上百万年的进化所赐，我们的大脑十分擅长发现危险，并且可以在我们意识到发生了什么之前立刻做出保障我们安全的反应。恐惧正是保障我们生存的根源，是恐惧驱使着我们的祖先远离掠食者和竞争对手，是恐惧驱动着我们狩猎、采集，以及寻觅合适的伴侣。恐惧让我们的双手得以在意识到烫之前就从滚热的炉灶上弹开，让我们在小巷中还没有遇到陌生人就感到后背发凉，并加快脚步。

不过问题在于，大脑的运行遵照的依然是十分古老的程序——它早已不再适合当代的生活环境了。在生物学上，祖先的"幽灵"依然在我们身边萦绕不去，我们的思绪依赖的依然是早已过时的本能反应，而这些反应最终会给我们带来诸多痛苦、磨难和不幸。

你可能完全无法相信，你的大脑依然认为你生活在石器时代。这完全不奇怪，因为自欺正是我们处于核心地位的本能之一（自欺本能是本书第四章关注的重点）。在一般美国人的表述中，他们最恐惧的三样东西是当众发言、高处以及蛇和虫子之类的动物。哪怕只是想想要当着很多人的面讲话、从悬崖的边缘往下看，或者看见什么动物悄无声息地在草丛中游走，我们的压力水平都会飙升。如果你是一个穴居人，那么这一切当然是非常有道理的，因为你很清楚，被部落放逐、陡峭的悬崖或者毒物的利齿都可能带来致命的后果。可是据我所知，没有人会因为做了TED（"技术""娱乐""设计"的英文首字母缩写）演讲而丧命，而你在从停车场走进超市的路上踩到毒蛇的概率也基本为零。

实际上，当代美国人的第一杀手是心脏疾病，有数据显示，大概每4个美国人里就有一个会死于心脏病。这样看来，我们精密复杂的大脑岂不是应该被"本杰瑞"牌冰激凌吓得半死吗？我们难道不应该一看见巨无霸汉堡就吓得心率飙升吗？我们难道不应该满怀着不亚于对灭绝的恐惧的激情，去拥抱日常锻炼吗？可惜事实恰恰完全相反。我们的大脑渴求的正是这些对生命造成威胁的食物——来自祖先的思维最痛恨把能量浪费在锻炼上。这又是为什么呢？是因为保存能量和增加脂肪和糖的消耗是我们生存的关键，这在物资稀缺的时代更是至关重要。为了抵消这些不合时宜的行为，我们首先需要认识到，自己行为的背后推手是潜意识中的本能，而不是有意识的选择。

我们为什么总是求助于本能呢？因为大脑要接收超乎想象的海量信息，而这就需要让其中绝大多数"数据"直接进入处理速度更快的潜意识。生活在如今这个由80亿在全球彼此联通的个体组成的高科技社会中，我们的大脑平均每秒要负责处理超过4000亿比特的数据。乍一看，这像是一项不可能完成的任务，但是一般人的大脑都包含800亿个独立的神经元（细胞），并且和其他脑细胞共同构成了成千上万组连接。区区不到两千克重的大脑包含的神经元就像银河系中的星星一样多。然而，我们的显意识运行起来却是有意识且缓慢的。我们只能有意识地察觉（并处理）相当有限的数据，而身边的世界又有那么多事件发生，所以大脑绝大多数的信息处理都是在潜意识之壁背后进行的。

　　克莱蒙特研究生大学心理学及管理学专业的特聘教授米哈里·契克森米哈赖和知名工程师兼发明家罗伯特·拉奇（Robert Lucky），都曾分别独立估算出显意识处理数据的能力是大约每秒120比特。说得更直观一点，当我们有意识地集中注意力听一个人讲话时，我们每秒大概处理60比特的信息，那么同时与两个人谈话时，我们显意识的信息处理就达到上限了。只要简单做做算术，就能明白为什么神经科学家会说我们一生中95%～99%的时间都是在潜意识状态下度过的了。这也就是说，在大概99%的时间里，你对自己的情绪、行为和决定是没有意识的——更不要提是什么在背后驱动这些了！这是一个既惊人又令人不安的发现。原来，在努力让大脑战胜本能这方面，我们并不比石器时代的祖先进步多少——哪怕实际上我们确实拥有脑力这样做。

　　我们预先编好程序的本能，决定了潜意识的存在，因为面临险境时，批判性思考不仅毫无必要，甚至还可能带来致命的后果。不妨设想一下你在应对狮子的攻击时怎么分解步骤。我们的大脑由此开发出了处理此类情况的快捷方式（比如战斗或逃跑或冻结反应）。然而，这一点在当代环境中又会给我们带来什么呢？假如我们需要精密且严谨地处理与事业存亡紧密相关的信息，大脑会如何反应呢？事关情感关系的情况又如何处理？此时的风险实际上就完全被逆转了：本能会推动我们直接做出反馈，而不会经过仔细的考量和批判性的思索，然而，这些正是应对此类挑战所必需的，结果就是，这种本能反应会给我们的生产力和事业带来意外的损失。

　　好消息是，我们对此也不是完全无能为力。人类的大脑具有极强的可塑性，所以我们可以训练自己的潜意识做出更好的反应。何况我们的大脑十分灵活，地球上没有第二种动物的额叶像人类一样发达，而正是发达的额叶赋予了我们精准掌控自己行为的独特能力。作为一名CEO兼生物学家，我在工作中曾帮助过很多客户和其他寻求相关策略的人，来让他们的生活变得更无惧、更富成效，并且更自主。本书可以被视作一本操作指南——一本为你准备的训练计划书。它可以帮助你克服掉那些根深蒂固但早已不再有用的旧习，增强能力，从而在生物学的角度上成为更好的自己。

通过本书接下来的七个章节，我会向各位读者提供各种观点和建议，以此帮助你们来干预自己早已不合时宜的本能。在第一章，我们会一起探索最原始，也是为诸多本能奠定基础的一种本能——生存本能，并探究大脑是如何在本能的驱使下让我们受困于恐惧而无法快速放松下来。不过在掌握了几种简洁明了的干预手段之后，你就能学会如何在最开始先慢下来，再逐渐适应身边世界的快节奏。在第二章，我们要探讨的是不同的性别角色在生物学上具体有什么差异，我还会向你揭示，为什么一条在绝大多数"防职场性骚扰手册"中缺席的政策，有着为企业节省上百万美元的潜力。第三章"多样性"主要着眼于为什么"少"就是"多"。置身于这个看似有着无穷选择的世界之中，对多样性的渴求本能时常让我们感到焦躁不安、难以满足，但我会给各位提供一系列干预手段来改变大脑对满足的认识，同时不需要你在驱动力方面做出妥协。第四章的关注点是"自欺"，这项本能是我们祖先的保命绝技，可是如今它却会为我们个人的生活与职业生涯带来巨大的损伤。不过，我会在书中给各位读者列举一些简单的小技巧，帮你们辨认我们对自己讲的哪些谎言是有害的，同时做好更有意识地审视这个世界的准备。你还会在这一章中发现，辨认并干预这一项本能甚至可以成为决定成败的关键。第五章"归属感"揭示的则是人类最强大的原始指令之一，你会在这一章中看到，在这个推着我们与彼此竞争的世界里，合作——不论是以团体还是个人的形式——实际上会带来更多好处。在第六章，我们会一起探究"对他者的恐惧"有多容易对我们的决定造成影响，并因此导致具有伤害性的行为。我也会给出简单的步骤，让你得以积极主动地找出自己的不适之处，并训练自己的大脑停留在一个更加自觉且压力更少的区间里，从而让自己的决策更精准、更有创造性。在第七章"信息收集"里，将探讨为什么虽然每一天都感觉很繁忙，但我们的"邮箱"总是填不满；虽然收集信息的本能让我们消费着前所未有的海量信息，却还是感觉自己错过了什么关键信息，而且总是无法把握客户、朋友和家人的需求。

我们当然要感谢来自祖先的大脑让我们成了独一无二的成功物种。不过作为进化至今的人类，现在也是时候开始将人生彻底掌握在自己手中了。幸运的是，我们所有人都有能力开始为这个新世界重新塑造自己的本能。本书为你提供了各种知识和技巧，来帮你对你的本能进行辨认、干预和优化，用直接有效且顺应生物学规律的干预手段武装各位。在读完之后，你一定会在工作、家庭和所有人际关系中做出更好的决定，过上一种完全清醒的新生活。

目录 CONTENTS

第一章
生存：快中有慢　　1

第二章
性：重新定义性别角色、领导力和责任　　32

第三章
多样性："更少"，却意外地更满足　　69

第四章
自欺：我知道你是谁，但我又是谁？　　93

第五章
归属：合作方能共渡难关　　123

第六章
对他者的恐惧：为什么陌生人始终是危险的信号　　158

第七章
信息收集：在混乱中保持好奇心   183

结语
变得（不再）心怀畏惧   203

致谢   211
参考文献   216

第一章

生存：快中有慢

　　我快要冻僵了，真的，我快要冻成冰块了。我从头到脚都被哈得孙河冰凉的河水浸透了。我知道自己遇上大麻烦了。我朝手上哈着气，自己呼出的热气是我全身上下唯一一点温暖的来源。但是很快，我的呼气就变成了冷气。那之后的事情我几乎完全记不清了，只记得一阵既麻又带有刺痛感、时冷时热的模糊感触爬遍自己的皮肤，然后我就陷入了低体温症。

　　那一天本来是一场愉快的冒险。我和父亲划着皮艇在哈得孙河上顺流而下，这是我们一年一度的父女郊游。头顶上挂着树木上结的冰凌，枝条上还蒙着一层晚落的春雪。我一直想来一场激流漂流，所以爸爸才选在了春季的第一天，因为这个时节的水流流速很快。我爸爸知道，既然要追求速度，那我肯定希望越快越好。不过那年的4月1日冷得相当反常，就算以纽约的标准衡量也太冷了。

我们其实做了充足的准备，也穿了长袖潜水服，所以一开始我非常乐观，骤降的气温也没把我吓住。但是划了差不多一个小时之后，我身上就出现了低体温症最初的迹象：我的四肢末端失去了知觉。我觉得全身上下都沉甸甸的，身边的整个世界似乎都进入了慢动作——尤其是我自己的身体。我转头看了看坐在船尾的爸爸，他一边划着水，一边对我报以微笑。我又看了看眼前的河道，认定了还得再划上差不多一个小时才能回到温暖又安全的河岸。我完全想不出要怎么摆脱这种困境，就算马上告诉爸爸我遇到麻烦了，他也会像我一样无能为力。此时，我的求生本能终于彻底掌握了身体的主权，让一道无比珍贵的暖流从我的两股之间直冲而下，顺着双腿一直流到脚边。

我的身体早已不会考虑什么社交礼节，它只想活下去，而且会为了保障生存而采取一切必要的手段——比如收缩全身的血管以保证主要内脏器官周围的温度，从而迫使我的肾脏与急速升高的血压保持节奏一致。当时，16 岁的我尿了自己一身，而我冻得完全顾不上在乎了。生存本能已经完全接管了我的身体反应。

人类十分擅长创造各种概念来强制落实"文明"的行为，但是一旦激发了生存本能，我们也就把这些概念抛到脑后了。比如，在迫不得已的情况下，尿裤子也就突然成了完全可行的选项。

我们的生存本能总是会以强势的姿态登场，这样它才能压灭我们脑海中那些"你应该这么做""你不应该那么做"的声音。不论是否清醒自觉，我们都会直接采取行动。而且谢天谢地，（注意，前方有剧透！）正是拜这一点所赐，我才能好好活到今天。回到河岸上以后，爸爸立刻把我安置在一处生得很旺的篝火旁边，让我脱离了危险。

在方才提到的情况中，我的生存本能通过为身体保存热量来发挥作用。然而在其他情形下，这种本能甚至能减轻我们对某些行为的反感，比如为了求生而吃掉家里的宠物狗（这是徒步旅行者马可·拉沃伊不幸的亲身经历。2013年，受困于加拿大的荒野数月的他，在极度缺乏补给的情况下被迫吃掉了心爱的德国牧羊犬）。强烈的生存本能甚至能够对痛觉感受器进行抑制，让人得以在不受其反应阻拦的状态下截断自己的手臂——就像电影《127小时》的主人公阿伦·罗斯顿所做的那样。如果你也有过不理智地大量饮酒的经历，那么你大概也得好好感谢自己的生存本能，因为正是它通过让你丧失意识或者将这种"毒物"呕吐出来（又或者二者兼有）的方式来制止你的这种行为。

生存是本书向你介绍的所有本能的根源。它强烈且深刻地烙印在我们的潜意识之中。如果你刻意试图伤害自己，就能相当容易地察觉到这一点。（不过请千万不要尝试伤害自己！我绝对不支持这种行为，只不过是以此来解释上述观点而已。）我个人最喜欢的一个都市传说是，我们完全可以像咬断胡萝卜一样咬断自己的手指，如果大脑允许的话。虽然这个说法并不属实（咬断手指需要更大的力量），但是它又的确解释了本能是如何保护我们的——尤其是如何保护我们免受自己的一些愚蠢想法的伤害。

更好的例子是，如果你的手不小心摸到了滚烫的炉灶，那么大脑会条件反射地迅速给身体发出指令，让手从炉灶上移开。而这其中最酷的一点在于，这个远离危险的动作是在你的大脑有时间处理眼前之事之前发生的——在你意识到疼痛之前，你的痛觉感受器就已经被激活。换句话说就是，你的本能会在你完全理解其中缘由之前推动行为的发生。

我们石器时代的祖先一感受到压力，生存本能就会第一时间赶来救急，因为在那个时代，压力的来源——比如一只作势欲扑的老虎，或者不断迫近的饥荒——往往是直接危及生命的。不过这也是问题所在：我们以生存为第一要务的大脑如今承担了太多其他类似的工作：在当代背景下，那只危险的猛虎就变成了等着你交财务报告的会计约瑟夫，或者等着你回复她两分钟前刚发给你的那封邮件的CEO凯西。生存本能一度给在野外求生的人类带来莫大的帮助，而如今它却把日常生活中的每一种压力源都当成可能危及生命的险情来应对。当代人的大脑中存在着这样一种错位：我们的恐惧和不安不再意味着有直接的危险了。

在接下来探讨战斗或逃跑或冻结反应的内容中，我们还会对这种错位进行更加深入的探讨。不过一言以蔽之，当下，我们在日常生活中遭遇的绝大多数压力源都不会对生命造成威胁。那么，为什么我们的身体还是会做出如同应对生命威胁一样的反馈呢？为什么我们的大脑无法区分真实存在的威胁和被感知到的威胁？答案就是生存本能作用的发挥早已远远超出了它的实际价值所需。

我们依然十分需要这种本能（请想一想你上一次刚好躲开向自己驶来的汽车是什么时候），不过我们也需要学着更好地掌控它，否则，生存本能就有可能给我们的身体健康和社会关系造成持久的损伤，甚至让我们错失生命中许多最美妙的时刻。

街头乐手

2017年1月的某一天，一名身穿牛仔裤、头戴棒球帽的男子在华盛顿地铁一处繁忙的站台上摆摊拉起了小提琴。他的提琴盒子敞开着放在脚边，以便路过的成百上千个通勤族里有人愿意给他的表演投下一点奖赏。

在整整43分钟的时间里，音乐大师们的名作一刻不停地从提琴上倾泻而出——这些直击人心的美妙音乐来自巴赫、马斯内、舒伯特与庞塞。在全世界的音乐厅中，都会有乐迷为这些杰作所倾倒。然而，这里却几乎没有一个人在意它们。行色匆匆的人群中似乎没有一个人知道，这名他们全然不曾理睬的乐手正是享誉世界的小提琴家约书亚·贝尔，而他手中演奏的乐器是当今最昂贵的小提琴之一——一把1713年制作的斯特拉迪瓦里小提琴。

贝尔从小在小提琴方面就天赋异禀，他在交响音乐厅举办的音乐会不仅场场爆满，甚至有观众情愿站着听完他的整场演出，而他的出场费也高达每分钟1000美元。但此时，他以一副和乞丐差不多的模样站在地铁站台上，人们就对他的演奏充耳不闻了。人们只是匆匆忙忙地从他身边路过，就像已经迟到了一样——不论他们到底要去哪里。而且讽刺的是，也许有些人正是为了能买到一张贝尔音乐会那极其抢手的门票才如此匆忙。

贝尔最终只收获了路人匆匆投在提琴盒里的几美元。在从他身边走过的1070个行人中，只有7个人对他的表演投入了1分钟以上的注意，而且这7个人还是以孩子为主。绝大多数通勤族只是按部就班地走在自己的固定路线上，甚至不愿抬头多看一眼。

这能说明我们社会中的什么现象呢？首先报道此事的《华盛顿邮报》记者吉恩·温加腾做出了十分精准的总结："如果我们不能从日常生活中抽出那么一点点时间，来欣赏顶尖艺术家演奏世界上最伟大的音乐作品；如果我们在现代生活的巨浪强压之下，居然能对这样美好的东西视而不见、充耳不闻——那我们还有什么好错过的呢？"

如果忙得连停下脚步留意一下身边音乐的时间都没有，那我们还有什么好错过的呢？日常生活的压力究竟剥夺了我们多少乐趣？为什么我们能够在如今物质丰富、设施先进的环境中对那些动人的音乐无动于衷呢？我想这可能都要怪我们的本能。

相当讽刺的一点是，即便一部分人有财力去听每分钟1000美元的音乐，可以坐着私家飞机到处旅行，还能自由选择想要的食物——而不是有口饱饭吃就谢天谢地了——他们的大脑也同样困在"生存"这个循环之中。现代世界的日常生存，迫使我们进入一种持久的繁忙状态，即便是在"居家令"实行期间也是如此。我们倾向于把时间看成一种既宝贵又稀缺的资源，就好像我们永远没有足够的时间把每件事情做好一样。这又是为什么呢？从洗衣机到外卖送餐，拜近200年内的技术进步所赐，我们拥有了前所未有的大量空余时间，可我们却总是让自己沉浸于时间更少的错觉之中。

让我们一起回顾一下自己的日常安排。也许今天你也是伴随着闹钟刺耳的铃声醒来，喝下一杯热气腾腾的提神饮料，然后要么投身于地铁站台上拥挤而陌生的人群，要么坐在私家车里，在拥堵中度过整个早晨。9点钟刚过，你终于冲进了办公室，或者登录上自己的Zoom会议，悄悄盼着没人发现你迟到了几分钟。在接下来一整天的时间里，你都会忙着跟各路陌生人打交道，并且尽你所能理解各种信号（往往还是在不能以表情和语调作为辅助的情况下）。到了晚上6点，你下班了，但是没做完的工作依然让你感到焦虑不安，你还惦记着手头那份似乎永远没法搞定的报表。你从日托班接上孩子，向这些你甘愿把自己最珍贵的宝贝托付给他们一整天的陌生人道谢。然后，你伴侣的双亲又突然打来电话：他们临时决定来你家一趟！晚饭该准备点什么？最终，所有人都睡下以后，你歪在床上漫不经心地刷着社交媒体上的各种消息，生怕自己错过了什么重要的新鲜事。接近午夜，你才躺平了准备睡觉。接下来辗转反侧的六小时睡眠中，你不时会被手机里不断蹦出的提示惊醒，直到响个不停的闹铃开启第二天的循环。

把这一套写下来就已经让我有点应激反应（stress response）了，而我还只是写写而已。压力原本是能够挽救我们生命的刺激机制，它能够触发我们的战斗或逃跑或冻结反应——这种行为会推动我们去与捕食者战斗，或者逃到安全的地方，又或者原地蹲下，希望自己别被发现。然而，我们的大脑却相当不擅长区分真实存在的威胁和被感知到的威胁。所谓"真实存在的威胁"，是饥饿的老虎半夜跳进你的卧室,这种事在当代环境里实在是不太可能发生。但大脑并不会因此而放弃"保护"我们不受它感知到的威胁的伤害,并为此在并不合适的场合下激发战斗或逃跑或冻结反应——比如,被与自己完全不同的陌生人包围;遭遇严重的堵车;或者听到急需处理的邮件提示音响起。与祖先相比,我们的生活乍看之下当然更安全、更轻松,可我们的大脑却依然执着于生存,就好像我们吃个午饭都能碰上100只老虎一样!可以说,我们的大脑体验到的是一个完全不一样的现实世界。

结果就是我们的大脑被锁定在生存模式上,它会不断阻拦我们享受令人愉悦的片刻时光——地铁站里偶然听到的小提琴声,或者面包房里飘出的新烤面包的香气——或者在这种愉悦中停留太久。愉悦与生存相比,只能居于次要位置,所以我们会去排除身边的所有"危险",这样当然也就没有足够的时间留给那些"奢侈"的活动了。但是,让人错过生命中最宝贵的时刻,还不是我们早已过时的本能唯一的负面效果。它还会对我们的健康和日常表现造成严重的冲击。

压力对健康和日常表现的影响

压力一向被称为"21世纪的健康流行病"。这是为什么呢?让我们一起来看一看,在进入战斗或逃跑或冻结反应,一系列激素反应也连续发生的情况下,我们的体内都会发生些什么。首先，大量释放的肾上腺素会让你心跳加速、力量大幅增强、双手出汗发抖。肾上腺素这种神经递质虽然十分强大，但效力非常短暂。这是因为，在野外环境中发生的战斗通常不会持续太久：我们要么能逃脱虎口，要么就只能沦为它的口中餐。肾上腺素在刚刚侦测到威胁的前几秒之内相当有用，但是很快就轮到皮质醇登场了——这也是最主要的压力激素之一——它可以帮助我们维持战斗或逃跑或冻结反应，并修复我们在应对威胁时承受的损伤。

皮质醇最主要的功效就是分解蛋白质，让人体能够更快获得相当于燃料的葡萄糖。在体验到强大压力的情形下，葡萄糖会立刻为人体的主要肌肉提供能量，以此支持我们的战斗或逃跑反应。它提供的能量可以用来对抗创伤、疾病和感染。皮质醇还对免疫、生殖以及消化系统起到抑制作用，因为这些机制在压力环境中都是不必要的。不妨设想一下，在面临生命危险时突然感到饥饿或者性欲上涨会是一种什么样的窘况。因此，这些干扰项都会被彻底排除，你的肾上腺系统会将皮质醇与大脑中约束这些行为的受体绑定。

这些复杂的化合物共同演绎着一支和谐同步的舞蹈，保护我们免受伤害，而我们甚至不需要有意识地发出危险警报。但是与此同时，现代社会中的人们最大的生理缺陷也暴露出来：我们的应激反应机制既不能将当代的压力源与真正会危及生命的压力源区分开来，也不能很好地适应它们。

在我们祖先生存的环境中，这一连串反应只不过是短暂且极少被引出的解决方案。而在现代生活中，各种感官输入会以难以应付的速度对我们进行轰炸。这会让我们频繁陷入感觉上的"过载",让大脑为了"保护我们"而把一切都解读为压力的来源。

可讽刺的是,刚好是这种过度的敏感让我们陷入了承受慢性压力的危险处境。慢性压力与你的身体天生就有能力处理的急性压力源不同,它不会因为皮质醇激增而得到缓解。在急性应激反应期间,体内的皮质醇水平会急速上升,直到威胁得以解除,又会在其后的一个小时之内回归正常数值。在当代环境中,人们几乎是持续不断地暴露在压力源之前,皮质醇也由此持续不断地受刺激,从而导致其基准线升高,而这有可能会带来毁灭性的后果。

比如大家都知道,如果皮质醇一直维持在较高水平,免疫系统会受到抑制,导致人们更容易患病。美国的企业就承受着与疾病相关的缺勤带来的巨大成本——约翰·汉考克保险公司的一项研究表明,每位员工每年在这方面的开销是1900美元,除此之外,根据国家职业安全与健康研究所的调查,承受巨大压力的员工在医疗方面的花费要比压力没那么大的员工多46%左右。这样看来,新型冠状病毒肺炎疫情期间的压力状态(包括精神、生理与心理成本)飙升也就毫不意外了。在2020年4月进行的一次调研中,大约88%的员工反馈说自己承受着"中等到严重程度的压力",其中有62%的员工表示自己在疫情相关的压力影响下,"每天至少会损失1小时的生产力",而32%的员工表示"每天至少会损失2小时的生产力"。更讽刺的是,压力实际上会让这些员工的免疫系统在疾病面前更加脆弱。

美国心理学会认定,慢性压力与当下6种最主要的致死原因紧密相关，它们分别是心脏疾病、癌症、肺部疾病、意外、肝硬化，以及自杀。压力甚至会加快我们的衰老！研究表明，慢性压力会导致染色体端粒变短，端粒是染色体的保护罩，它与我们细胞的老化紧密相关。染色体端粒有点像鞋带末端包着塑料皮的部分，是用来保护整条"鞋带"免于磨损的。但是随着皮质醇水平上升，染色体端粒的分解会导致衰老加速。而随着衰老的加速，皮质醇增多会导致脑源性神经营养因子减少，后者则是保护脑细胞的重要蛋白质。研究甚至证明，皮质醇增多有可能让智商降低：你的身体在经受压力时会激活大脑的部分干细胞，从而抑制与前额皮层之间的连接，而前额皮层又是大脑进行高水平认知过程的主要区域。

于2018年发表在《神经学》（Neurology）期刊上的一项研究指出，高皮质醇水平往往会让被试者在对记忆力、组织能力和注意力进行的测试中表现更差。这项研究的样本是2000多名没有明显症状的中年职员，其中皮质醇水平最高的成员的大脑也最容易出现符合阿尔茨海默病早期症状的生理变化。健康问题还不是唯一让人担忧的，我们在工作中的表现也会被这种生理现象影响。

两项经过独立同行评议，分别发表于2003年和2015年的科学研究发现，通过注射皮质醇人为诱发压力，会削弱被试者发现错误的能力，同时还会激发他们对风险的偏好。很难想象还有比这更糟糕的职场灾难了。另一场在2016年进行的实验中，被试者被要求以越来越快的频率解答各种数学问题，并把答案大声说出来，一旦答案错误，就会有刺耳的蜂鸣提示音响起。承受巨大压力的被试者，某些执行功能被显著削弱，比如注意力、抑制能力、任务管理、规划，以及解码能力等。

压力会同时损害我们的工作与健康，不堪重负的大脑只会带来恶性循环，把我们一直锁定在生存模式中。不过你也可以通过运用更高的认知力来做出更好的选择，从而挣脱种种充满焦虑的解读，重获自由。

时间刚刚够……来做个糟糕的决定

生存本能就像是我们体内的一位蓄势待发的保镖，不论何时，只要感知到危险，它就会立刻敏捷高效地投入行动。拥有这样一位保镖当然是好事，但是生存本能这位保镖经常会受到误导，工作过度，而且总是会拉响假警报——即便我们面对的情况完全不会危及生命，它也会让我们先思考一步而采取行动。

倘若放手让生存本能引领我们的行为，影响我们的决策行为，那么我们必然无法用最好的思维方式去考虑问题。请回忆一下你上一次遭遇低潮时做出的本能反应：比如你突然决定抛售手里的所有投资组合；比如你本该得到升职，公司却偏偏把你漏了过去，于是你大发脾气，威胁说自己要辞职不干了；又比如你情绪变得很激动，于是开始狂买"本杰瑞"牌冰激凌，又在不知不觉间一口气把整桶（约550毫升装）全吃了下去。你也一定猜到了，这正是生存本能在发挥作用，让你在这些不会危及生命的场合中做出战斗或逃跑或冻结的反应。

从这位保镖的立场看，当然最好是给你做好全方位的掩护——以防万一嘛。然而结果是，我们还没来得及理解危险的来源，或者对其进行质询，就已经迫不及待地要做出反应了——也许你不过是有段时间财务上不顺，也许你可以直接找上司谈谈没能得到晋升的原因，也许你这阵子的伤感情绪很快就会过去。然而，我们不仅不会运用自己的执行功能，反而还会仰赖思维中保守反动的一部分来做出决定，过早地得出结论，以快速解决眼前的问题，而不会去寻求最好的方法。

我有个好朋友曾说过这么一句话："着急求不来好东西，因为好东西往往来得很慢。"她想说的其实是，如果我们特别急迫地想要某样东西，通常会倾向于走捷径，这样的确会让我们得到想要的东西——但往往会是比较糟糕的版本。如果大脑（十分迫切地）想要保障我们的生存，那么有时我们得到的结果也不会太好。如果在本能处理真正危及生命的情况之前，我们都没有机会处理眼前的情形，那余生还有什么希望呢？

幸运的是，绝大多数人在日常生活中很少会遇到真正事关生死的选择。然而就像之前讲过的那样，我们的大脑十分不擅长分辨自己感知到的威胁是否真实。如果这种情况发生得过于频繁，也就意味着我们总是会求助于生存本能，以做出迅速且非黑即白的反应——因为本能本身就是如此设计的：非黑即白，非生即死。但是在这个错综复杂、充满了复杂抉择和灰色地带的世界里，单纯的二元判断可能招致灾难性的后果。我们做出良好决策的能力会在压力之下受到削弱，这主要是如下两种机制造成的：

1.决策范围缩小或者过早结束。这会导致我们要么来不及评估所有备选方案，要么在评估时不够仔细。

2.对选项的扫描不够系统，其中对可用选项的评判从尚有逻辑到疯狂混乱、杂乱无章，往往会使解决方案带有偏见。

设想一下这样的情形：你的上司要求你为全公司的大聚会选择餐点，你要负责让500名员工吃饱吃好，而这个聚会在一周之内就要举办了。你要怎么做呢？也许你会飞快地在网上搜索当地中档水平的通用餐饮服务。不过如果你承受了巨大压力，也许搜索时就会更偏向于自己之前吃过的餐厅或者菜品。你会考虑没有出现在搜索结果里的餐饮公司吗？你做的调查够不够？能不能意识到这大规模的聚会肯定要露天举行，通过大量餐车来提供餐点会更方便？你有没有考虑过可能会有比较高的预算，所以从缅因州空运些龙虾过来不仅是个好点子，甚至可以说是最好的选择？鉴于时间有限，你可能来不及考虑食物过敏的问题，或者实际上有差不多1/4的员工是素食者的问题，以及其他很多很多情况……

现在请再设想一下，这顿大聚餐就在两个小时之后，而这件事安排不好可能会让你丢掉工作。

时间或许是我们强加于自己身上的最大压力来源。它会进一步压缩我们探索创造性替代方案的空间。在上文举出的场景中，你可能会因为压力太大，不堪重负，以致看见什么就不假思索地定什么。本能也可能会选择冻结反应，让你无法做出任何决定。在如今的市场中，迅速创新迭代的压力极大，我们宁可匆匆忙忙地去寻求解决方案，也不愿意在前端放慢速度，花些必要的时间来评估局势。在我看来，这种行为就好比是用漏了底的水桶去打水。我们太急着要完成打水这项任务了，以致没有足够的时间停下来修补用来装水的水桶，哪怕这能大大提升完成任务的效率。

在这种压力持续存在的空间里，人们时常会做出糟糕的决策。我在生活中也曾多次落入这种陷阱。我的生意合伙人经常和我就他的冻结反应开玩笑：他设计出15种不同的"水桶"，还有各种彼此不重样的修复方案，但是从来没能把这些付诸实践。而我自己也没好到哪儿去，我通常是拎着五六个漏底的"水桶"忙前忙后，而且完全没有修复它们的方案。

就在不久之前开发软件的过程中，我的生存本能就险些把整个项目引向灾难。我们的软件在beta阶段（在软件开发中，指软件测试的第二阶段）收到了很不错的反馈，我却感觉不堪重负。所以在生存模式下，我开始向开发团队传达成百上千的评论、补丁需求和漏洞反馈、功能要求，以及各种各样的新想法（有些想法甚至是彼此矛盾的）。而开发团队刚开始朝某一个方向努力，我给出的指示就会让他们把重心偏到另一边。与此同时，我的合伙人在以最快的速度制订着计划，但这些计划到最后也是互相完全不沾边的。说到这里，究竟发生了什么就已经很明显了：生存本能搞得我们手忙脚乱。我们必须先慢下来才能加速。于是，我们抽出了一些时间来分析收到的所有反馈，而前进的道路也很快就变得清晰明确了。合伙人设计出了符合逻辑的方案，我则负责方案的贯彻落实，整个团队开始步调一致地朝着共同的方向前进，速度比之前快了许多。

这种生存本能也会影响我们应对选择带来的后果。2013年，运动服装品牌露露乐蒙发布了一款全新的瑜伽裤，由于疏忽，这款裤子采用了过于轻薄透明的面料，让部分女性用户因为过分暴露而感到不适。品牌的销量直线下跌，预计销售额可达6700万美元的瑜伽裤也被从架上全面召回。而就在这个时间点上，公司当时的CEO奇普·威尔逊告诉一位电视记者，有些女性的身材就是"完全不适合"露露乐蒙的裤子而已。此举不仅表现了威尔逊本人对为数众多的一部分女性群体的贬损，更暴露出公司在针对这一群体的产品决策中缺乏明智的考量。

我们那些糟糕的人生决策，往往都是错误的生存本能推动我们做出的。让我们一起来看这样一个实例，这个故事的主人公咱们就暂时叫他"鲍勃"吧。鲍勃是一家中等规模公司的CEO，在过去的50年里他都相当成功。但是在最近一段时间里，他的领导力开始受到越来越多的批评。公司的收益不断下降，而鲍勃没能适应市场的激烈变化。公司团队提出了若干建议，其中最为亮眼的一个方案来自管理团队的成员史蒂夫。虽然管理层普遍对史蒂夫的方案表示强烈支持，鲍勃却公开表示这项计划"过于薄弱，根本不可能落实"。尽管对方与董事会进行了激烈的辩论，分析结果也为史蒂夫的计划提供了强而有力的支撑，鲍勃还是拒绝执行这一计划。

鲍勃为什么会做出这么差劲的决定呢？因为他感受到了超越

业务本身的压力。实际上，他通过肢体冲突让本就很糟糕的决策雪上加霜。在公司承受了成立以来最大的损失那一天，鲍勃走出办公室，转弯时刚好迎头撞上史蒂夫，撞得他自己摔倒在地。鲍勃既尴尬又气急败坏，他跳了起来，一边推搡史蒂夫，一边不间断地高声辱骂这位满脸茫然的高管。

虽然鲍勃这种恶劣的反应（而且说得直白一点，这种行为是会让他吃官司的！）很明显是误导的结果，不过它也为我们呈现了这种生存本能最为典型的表现。对于鲍勃而言，史蒂夫是他的竞争对手，是对他在公司中的职位和地位的挑战；而在我们祖先的观念中，对领袖的挑战是个生死攸关的问题。排除竞争对手，维持足以巩固领袖地位的声誉，能够在生物层面上带来巨大的利益；一旦领袖放松戒备，群体中的其他成员就可能削弱该领袖的领导地位。传统的权力篡夺者很少会冒险让前任领袖活下来。鲍勃当然清醒地知道自己的生命没有受到威胁，但是这并不足以阻止错误的生存本能把他推向糟糕的人生选择。

当我们对自己的生活或者公司的命运感觉不确定时，大脑就会一跃进入一种保守反动的状态。所有人都有过说错话后追悔莫及的时候，威尔逊发表过他那番关于露露乐蒙瑜伽裤的高论之后，肯定也是这样。所有人也都会对潜在的对手大肆抨击，或者逃避问题，不去正视问题、迎头直上。压力不仅会影响精神脆弱或者"不能应对工作压力"的人群，它也威胁着我们所有人，而现在正是我们认清真相，做出更好反应的好时机。

相对论与充满干扰的世界

怎样才能让大脑愿意给我们更多时间来做出更好的决定呢？**想要重排"生存本能"这条线路，你就必须学会"扭曲"时间。**

请不要忘记，时间是人类构造的产物。因此个人对时间的感知可能会受到一系列因素的影响。据说在爱因斯坦的相对论发表之后，大批记者要求他的秘书对这一理论进行解释，秘书实在难以应对，于是爱因斯坦给了她一段总结，让她拿去应付记者："如果你和一个漂亮姑娘一起坐了两个小时，感觉就像是只过了1分钟；但是如果让你在一口热炉子上坐1分钟，那感觉会像是过了两个小时。这就是相对论。"

我猜爱因斯坦的意思是说，时间是相对的，我们会根据不同的情景对它产生不同的体验。而我们越能控制自己的感受，也就越能不受当前压力源的影响，做出更好的选择。人们通常把时间知觉描述为如下两种形态：后顾式的时间知觉和前瞻式的时间知觉。

后顾式的时间知觉是我们对过去的解读，是对过去的回忆。而前瞻式的时间知觉则发生在我们向前看的时候：接下来会发生什么？这一天还有什么在等待我们？下一个亟待我们去解决的紧急状况会是什么？如果我们觉得非常忙碌，总是惦记着下一项任务，就会感觉时间过得飞快，感觉永远没有足够的时间来做完该做的事。在理想的情况下，我们的时间知觉大部分都应该停留在对当前的时刻，但是我们的思维实在是太容易滑向对未来的担忧或者对过去的反思了。

此外，技术的进步增强了这种来自时间的压力感（有一点讽刺）。心理学家奥伊弗·麦克洛克林（Aoife McLoughlin）的多项研究表明，科技成瘾会带来意料之外的时间成本。如果我们频繁地检查自己的社交媒体推送或者短信，时间的流逝也会感觉变快很多。是的，我们对时间的感知突然加快了！大家应该都有过这样的经历吧，比如我们本只想花1分钟的时间刷一下手机，结果一抬头却发现半个小时过去了。还有些研究发现，如果觉得完成任务的时间不够，那么我们的表现就会变得更差——即便我们实际上拥有足够的时间也是如此。综合来说就是，科技成瘾创造出了一种让大脑感觉时间十分稀缺的环境，这让我们无法发挥出自己的最高水平。

在其著作《深层工作：在充满干扰的世界中以专注求成功的必备规则》(Deep Work: Rules for Focused Success in a Distracted World)中，乔治城大学教授卡尔·纽波特对这种挑战进行了探讨，他在书中着重强调了每个人都有摆脱浅层工作（shallow work）的迫切需求。根据纽波特的说法，所谓浅层工作包括"对认知没有需求的后勤型任务，它们通常是在分心的状态下完成的。这些任务通常不会创造出什么新的价值，而且相当容易陷入重复"。比如，你打算抽出5秒钟时间来快速检查一下电子邮件、短信和社交媒体推文这些新消息，最终却花了23分钟（说得更精确些，平均花费23分15秒）才把全部注意力从消息推送转回原本的目标。首先揭示出这一巨大时间成本的是格洛丽亚·马克，通过研究她还发现，如果工作被打断的员工尝试着通过加快工作速度来弥补时间上的损失，反而可能招致更大的压力和挫败感——虽然付出了更多的精力，生产力却降低了。这项研究的被试者（或许还有你和你的同事）需要的正是一点点"Festina Lente"的技巧。

"Festina Lente"是一个拉丁文短语，翻译过来的意思就是"快中有慢"。大家应该都听过"欲速则不达"这个谚语，然而在这个飞速运转的世界里，慢下来看起来简直像是求败之道。但是，如果想要生存本能为我们所用，而不是给我们造成阻碍，个中关键刚好蕴藏在"Festina Lente"这个概念之中。**在拎着桶赶去打水之前，最好还是先把桶底的破洞补上。**

相信才能实现——让时间为你所用

想要更好地专注于深层工作——那些在认知方面具有挑战性、需要你投入全部注意力的工作——一个有所帮助的做法是把你所有的浅层工作活动都集中起来，分批安排在特定的时间段里。比如不要一有新邮件就立刻查看，而是固定只在早晨7点至8点、中午12点至下午1点、下午4点至5点这三个时间段里检查邮箱。越能训练自己的大脑在当下专注于一项任务，我们在任务中的表现就会越好。

加利福尼亚大学尔湾分校的一项研究表明，一般员工平均每3分钟切换一次任务。而另一项研究指出，70%的邮件都在被接收后的6秒钟之内就被点开了。这些技术带来的干扰让我们的大脑变得像筛子一样无法保持专注。此外，卡内基梅隆大学的一项研究还有一个惊人的发现：这些干扰会将我们正确解答问题的能力削弱20%！

请设想一下，你在没有技术干扰的情况下安排时间，为深层工作留出空间，会是怎样一幅情景？假如你能百分之百确定自己拥有足够的时间来完成所有待办事项会怎样？你的行为会发生怎样的变化？

如果大脑总是告诉你时间不够，你又怎么能像拥有足够的时间那样行事呢？你只需要让大脑慢下来，让它适应时间充裕的体验。在大脑没有接收到很多刺激的情形下，你会感觉时间过得更慢。从你的工作效率水平上讲，深层工作5分钟可能感觉就像是过了30分钟。我们对自己的时间感知还是有着很强的掌控力的。

"大脑一直在很努力地为我们编辑并呈现外面发生了什么，以及它发生得多快或者多慢。"斯坦福大学的神经学家大卫·伊格曼如是阐述道，"大脑向你讲述、让你看到的并不总是真实发生的情景。它会试图从世界上发生的所有事情里选出最好的、最有用的故事组合起来。"换言之，关键在于亲自掌控大脑中的"编辑台"，向它讲述你想要讲述的故事：你拥有足够的时间。

我的好友兼导师阿蒂·艾萨克在他的电脑屏幕边贴了一张即时贴，上面写着："我是本次航班的机长。"他这是为了提醒自己，要用飞机机长做机上广播的方式与自己的团队沟通：平静、清晰、从容不迫。我们所有人在与大脑中的"编辑办公室"沟通时，都应该采用这个策略，这样我们才能在这个现代化的环境中沟通得更有效："你好啊，大脑，我是本次航班的机长。我知道你在为我剪辑一段有用的故事，但是如果我们把这段'电影'编辑一下，效果可能会更好。比如，剪掉这一段，留下那一段。"

如果我们稍微花点时间回忆一下"9·11"事件发生时自己在哪里，或者肯尼迪被刺杀是在什么时候，又或者你上次不慎撞车的时候收音机里放的是什么歌，就能更清晰地认识到大脑是如何为我们剪辑出它认为有意义的故事的。大多数人都会对情绪高度紧张的情形有着十分生动的记忆，因为我们的大脑会在这些情形下把尽可能多的细节记录下来，这样，下次发生类似的事件时，大脑就能够运用它们清晰地指导我们的行为。它会创造一卷充满高光时刻的"胶片"，其中有足够的"影片素材"可供参考。而对一起事件掌握的信息越多，解读它需要的时间也就越多。

我管这种情况叫"《黑客帝国》效应"，这个名字来自那部1999年的电影里著名的慢镜头动作场面，就是主人公尼奥发现自己只要把身子向后弯过去就能躲过弹雨的那一幕。如何才能让《黑客帝国》效应为我们所用呢？答案是必须学会有意放缓当下的时间。

快去找萨利机长：放缓当下的时间

在让当下的时间放缓这个竞技场上，最好的教练就是那些每天以平静且掌握全局的心态在生死之间穿梭的人。对于绝大多数人来说，假如在现实生活中遭遇了足以威胁生命的紧急情况——比如被大火所困，或者面对着大规模枪击事件凶手的威胁——生存本能就会十分合理地开始发挥作用。但是消防员或者急诊室抢救团队的医生又会如何呢？是什么让这些人可以超越自己的生存本能，面对威胁勇往直前呢？这些专业人士在各自的职业领域里接受过广泛而持久的训练，从而能够以一种足以超越一般人生存本能的强大掌控力，来处理攸关生死的紧急情况。

请想想萨伦伯格机长也就是"萨利"机长的故事，想想他在自己驾驶的"空中客车"客机因为与一群加拿大黑雁相撞而两侧引擎丧失动力的情况下做出的反应。萨利机长完全没有时间把所有选择都考量一番，更没有时间就自己每一个潜在选择的利弊去咨询业内专家。他必须迅速做出反应，而他也以惊人的冷静与速度权衡了自己的选择，并最终让飞机在哈得孙河上安全迫降。萨利机长将这次成功归因于自己多年的训练使他拥有足够的时间去应对——他在模拟驾驶训练中经历过上千次类似的场景，所以他的大脑早已记录下足够多的"影片素材"。

"在过去的42年里，我一直在这个存储教育、训练和经验的'银行'里一点点地进行储蓄，"机长如是说，"所以在1月15日那一天，我的'余额'十分充足，可以进行大量'提款'。"

萨利机长19,663小时的飞行时间和经年累月的重复训练，让这个生死攸关的决策过程可以在一瞬间以很高的效率自动得到处理。但我们之中的很多人一方面不会每天都面对危及生命的抉择，另一方面大脑又总是会像面对真正的危险时那样被触发警报，这种情况我们又该如何处理呢？

消防员、急诊室抢救团队人员，以及飞机机长都针对十分具体的情景进行过上千个小时的训练，所以他们可以对这些大家都希望永远不会到来的时刻进行专业处理。而所有训练的开头几乎都是完全一样的：**深呼吸，然后评估现场的情况**。通过学习同样的策略，让时间慢下来，我们也可以训练自己的生存本能放松下来，从而得以在面对每天不可预知的挑战时保持逻辑思考能力。

让我们再看看萨利机长航班上的乘客，他们的大脑记录下了这段痛苦经历的大量素材，结果则是在他们对事件的回忆中，整个场景就像是永远都不会结束一样。现实情况是，飞机在下午3点25分升空，两分钟后撞上鸟群，两侧引擎立刻丧失动力。萨利机长在向哈得孙河迫降之前发出了求救信号，从信号发出到飞机降落只经过了短短的90秒。我们快速地刷一次牙用的时间都要比这多一倍呢！

虽然事后回顾这段险情时，乘客们会觉得它好像持续了几个小时，但是当天在飞机上，他们很有可能感觉整件事发生得非常快。从刚刚见证过创伤性事件的目击者口中，我们时常听到"一切都发生得太快了！"或者"一眨眼就过去了"这样的陈述。等到一段时间以后，大脑对所有"影片素材"进行了处理，我们才会在回顾这段经历时产生上述时间发生了扩张的体验。那么，如果你能有意识地掌控当下的一段压力体验会怎么样呢？如果你能利用时间扩张来舒缓那些让你皮质醇水平升高的时刻，又会怎么样呢？

付诸实践：有意识地做些新奇事情来操控时间

如果因为常规的干扰要素而逐渐丧失对当下时间的知觉，那么我们可以通过把注意力放在当下的方法来重新掌控时间。比如在下一次堵车的时候，你可以试着数一数路上有多少红色的汽车，放一首从来没听过的歌，索性调高车里的温度蒸蒸"桑拿"，又或者坐在车座上跳一跳舞，同时鼓励堵在你身边的其他司机也一起跳。总之，做点能算得上是"头一回"的事情。这件事不需要有多么壮烈刺激，也不需要让人心跳加速，只要能使你的大脑进入"录像"模式就可以。我们要做的就是在大脑开始进入"录像"模式时对这一点有着足够清醒的认识。

如果有读者是家中的第二个孩子，可能已经十分了解新奇带来的结果了。比如，你的双亲给你的哥哥（姐姐）拍的童年留影至少是你的3倍多，这并不是因为他们更爱家里的老大，只不过第一个孩子不管做什么在他们看来都是那么新奇有趣。你的双亲只不过是太激动了而已！

快看！大卫会走路了！
快看！这是大卫第一回洗澡！
快看！大卫在房间正中间拉了一泡！

以上我说的话听起来是不是带了一些怨气？其实一点也没有。我可以发誓，虽然是对父母来说没那么新奇的第二个孩子，但我绝对没有什么不满意的地方。毕竟还是有更糟糕的情况存在——比如家里的老三。

重点是，你的大脑其实也正像拥有了二胎三胎之后的家长，该做的都做过，该见的都见过，完全没什么好感到新鲜的了，所以也没有必要再按下那个"录制"按钮了。

而要想更好地掌控自己的大脑，你只需要做点足够新鲜的事情，让大脑打起精神来关注它，让它想着：**哦？这件事挺不一样的，我应该录点素材**。一旦你投入这种新鲜体验，旧有的神经模式就会被打断。那种日复一日的高皮质醇注入和"外面的世界又大又可怕"的单调剧本也会随之偏离轨道。这就像是看着深夜节目迷迷糊糊睡过去的时候，突然被一阵广告惊醒，新奇感的刺激会让你进入更加清醒的状态，而大脑也会留意到这一点。

有些人（比如我自己）在这方面会需要一些帮助。我常用的一个小技巧是在一天之中设置几次闹钟来提醒自己做些新鲜事，从而让时间"慢下来"（注意把闹钟设置在留给深层工作的时段之外）。闹钟一响，你就应该放下手机，离开电脑，暂时放下你手上正忙的事情。在最开始，一个很有用的方法是活用你的感官：环顾四周，看看身边的景色，闻闻空气中的味道，听听左右的声音。你的感觉怎么样？这种活动的目的就在于感知新事物，它能够训练你的大脑去看真正真实的东西，而不是被它感知判定为真实的东西。

我们的大脑非常容易因为恐惧和压力深陷泥潭，这些压力和恐惧的来源可能是一场大型报告、推迟缴纳的税金，又或者是一个感觉大到无法开始的公司项目。大脑会自然而然地陷入某种程式，告诉我们"时间不够啦"，或者"反正你也会失败，那为什么要开始呢？"。这时候，之前说到的闹钟就能派上用场了，它能帮你对自己的本能产生清醒的认识，从而打破固有且无用的神经模式。每当你感觉很有压力时，不妨停下来直面自己的生存本能，问问自己："我现在害怕的是什么？我是不是因为恐惧而畏缩不前，还没开始就不敢继续了？"一旦能够直接审视那个讲给自己的故事，你大概就会发现，这个故事实际上漏洞百出——这些漏洞的存在原本是为了帮助我们存活下去，但现在它们只会阻碍你做出最好的选择，乃至于实现自己的目标。只需要简简单单地给自己的恐惧贴上标签，你就已经开始夺回对它的掌控权了。你眼前的危机当然不是猛虎，它也绝对不可能吃掉你。你描绘的全新现实能够让你潜心于自己的目标，为成功做好充足的准备。

即便只是暂时打破模式，也能让你阻止压力和皮质醇那有害身心健康的日常轰炸，还能让你开始像《黑客帝国》的主人公一样从容地应对身边的世界。你会突然发现，原本被大脑看成一颗颗射向自己的子弹的东西，只不过是不断涌入的邮件、短信和新闻推送而已。你的大脑得以重新评估并记录这些威胁的真实面貌。可能你从来没留意过短信提示和手机铃声是如何让你备感压力的。但是现在呢？你已经将这些声音有意识地整合成了全新的素材……甚至可以从容地随之起舞了！顺着弹道全速前进的"子弹"也由此纷纷落地，再也不会造成伤害了。

"扭曲时间"的小技巧

- 试着一整天都只用非惯用手来做事（比如刷牙、倒咖啡、在手机上输入文字）。这么一来，所有看似不用上心的小事都会变得新奇起来（特别是尝试着这样做点体育锻炼！）。
- 活用你的感官：看看四周的景象，闻闻空气中的味道，留心倾听身边的声音，试着去发现一些新鲜的东西。
- 对上班或者购物的路线做出一点小小的改动。如果你习惯用导航，就试着把导航关掉，凭记忆前往目的地。迷路了也没关系，这反而是好事！你会更加关注一路上看到的各种地理信息，而之前不需要主动在心里画地图的时候，你是不会留意这些东西的。
- 每看到一样橘黄色的东西就微笑一次。
- 换个新环境和陌生人一起吃午餐，或者吃一些你从来没尝过的食物（最好还是一般来说你绝对不会点的那种）。
- 把一天中所有积极的事列成一张清单。这些事情可能很小：比如路上偶遇的陌生人向你微笑；比如有一只小狗冲你一个劲儿地摇尾巴，连身子都跟着扭个不停；比如雨后人行道上湿润的气味。你可以只在心里列这张清单，但是把它简单地写下来会有更大的收获。我们的大脑里总是存在负面偏向（negativity bias），所以据多项科学研究，主动寻觅令我们心怀感激的积极事物有着多种多样的好处，让时间放缓只是其中之一。

"绝大多数人都有能力通过简单的思维管理来控制意识的内容。"临床心理学家兼认知神经学家伊恩·罗伯森如是说。如果你愿意花些时间变得更加清醒，更加有意识地去留意身边的环境，并且为感官上的信息输入贴上"宜人的"或"激动人心的"等标签，就能促进你的大脑记录新的"素材"，从而让你对时间的感知放缓。

请注意，我提到的标签只有"宜人的"或者"激动人心的"这两种。虽然有段时间"吓人的"这样的标签也有其用武之地，但随着对大脑中和情绪有关的区域的理解不断加深，科学家发现皮质醇与情绪状态之间的关系并不简单。实际上，通过向各种情景注入积极的新鲜感，你可以欺骗你的大脑，让它把来自焦虑和恐惧的皮质醇浪潮引向有用的兴奋与激励。我妹妹有句话说得好："生活要么是一段磨难，要么是一场大冒险。"在可能遭遇的绝大多数状况中，我们都可以做出选择，把能量从焦虑引向兴奋。

设想一下，假如不得不提交一份糟糕的绩效报告，我们会感觉到多大的压力？这种情况下的对话往往会充满焦虑和担忧，我们又受到古老的恐惧（如果人家要把我从部落里赶出去怎么办）的驱使，把大量时间浪费在担忧他人会如何看待自己传递的信息上。然而现实是，我们能掌控的也只有自己的故事。我们可以通过主动选择激励和兴奋来调控自己的焦虑，从而让他人在此情绪感染之下以同样积极的心态应对。拜人类的社交天性所赐，像焦虑或者平静这样的情绪实际上都是具有"传染性"的，因为它们会反映在我们身边的人的大脑中。所以，与其把递交糟糕的绩效报告看成痛苦的磨难，不如把它当成一场大冒险。他人的反馈真的是一份宝贵的礼物！而我们能拥有促进他人成长的机会又是何其幸运！这就是你掌控自己生存本能的开端，而它也能反过来提升你呈现最佳表现的能力。可以说，这是一种双赢。

我们总是那么容易忽视被身边世界的压力和繁忙包围时本应采取的有意识的行动，而同时这个世界中的压力依然以令人担忧的水平不断增长着。然而讽刺的是，我们的生活与祖先相比，不但没有那么艰辛，而且还要安全得多。我们必须引导我们的大脑，让它认识到我们现在生活的环境和祖先生活的环境已经完全不同了，因此需要我们用一种不同的反应方式去应对。

这一剂针对残酷生存模式下压力的解药，看起来可能相当违背本能，但它非常有效：它创造了一条减速带。抓住机会掌控时间，不要反过来被时间所掌控。不要再用底下全是窟窿的桶去打水了，花些时间去发现这些漏洞，再把桶修好。去留意身边的喧嚣，做一个与众不同的人。去做新奇的事。去聆听身边的音乐——不管它是小提琴大师的演奏，还是嘀嘀作响的手机铃声。用完全清醒的头脑去评估危险，这样生存本能就不会偷走你的时间，不会从你身边剥夺丰富多彩的一切了。

关键点

- 生存本能是其他一切本能的根源。
- 在我们先祖生活的环境中，生存本能会在危及生命的情境中保护我们，但是在当今世界，它会给我们的大脑、身体、人际关系和工作表现带来不必要的压力。
- 寻求实现"festina lente"的方式，通过"快中求慢"来减轻压力，优化生产力。
- 把任务整合分组，给深层工作预留足够的时间。
- 设定闹钟来定时调整自己的注意力。
- 通过寻求新奇感来"扭曲"时间，让生活体验慢下来。
- 记录值得感恩的事情，并以此战胜负面偏向。
- 运用意识的力量，将压力的信号解读为一场即将到来的冒险，而不是痛苦的磨难。

第二章

性：重新定义性别角色、领导力和责任

每到值得纪念的日子，我们家的所有人就会聚到一起，这是一项家族传统。曾祖母的90岁生日当然也不例外。而正是在那次家庭聚会上，我开始对性冲动这项强大的本能有了充分的认识。

那一年我13岁，诚实地讲，当天发生的很多事我都记不得了。我可能是忙着和妹妹争夺年纪小一点的表弟表妹的关注吧。大家应该还打了一会儿牌——家庭聚会上似乎必须得打牌。但是有那么一个瞬间，会永远深深地烙印在我的记忆里。当时，大家在屋外准备拍全家福，所有亲戚——应该至少有15个人——紧紧地挤在一起等着照相。我叔叔调好了定时器跑回来，告诉大家喊"茄子"，而事情就在那时发生了。

"茄子？说茄子？！"我的曾祖母用咄咄逼人的语气说，"我都活到90岁了，如果你打算只说一句'茄子'就让我们笑一笑，那我绝对不干。"然后她眼里闪过一道快活的光，坏笑着说了那个词——

"爱爱！"

这张记录了全家人满脸惊恐模样的照片无疑成了经典之作。一位90岁的老人，生育的黄金时代早已离她而去，性爱这件事却还存在于她的脑海之中。

小鸟会这么做，蜜蜂会这么做，藤壶会这么做，裸鼹鼠会这么做，而你和我（很明显还有老奶奶们）当然也会这么做。性在动物世界里无所不在，是继生存之后第二重要的本能（说到底如果无法生存下去，那性需求也就不存在了）。

更好地理解性本能如何塑造两性的行为和动机，对于确保职业生涯和个人生活的健康而言至关重要。我们的性本能主要通过以下两种方式塑造了我们：

1.我们会被什么人所吸引，以及我们为什么被这样的人吸引——驱使我们遵照特定的角色和模式。就本书探讨的话题而言，我会专注于异性恋顺性别的性别角色。此举并非对社会中任何群体的边缘化，只是单纯地提供针对大多数的信息而已。即便你并不属于异性恋顺性别这一范畴，这些对性别和性别规范的假设对你应该也能适用。

2.性投资以及性动机上的两性差异，都会强化典型的性别角色。而在沟通不畅或目标不能统一导致性骚扰时，这两种差异也会带来负面影响。

你的伴侣理想型是什么样的？你为什么会偏爱这样的人？你构成性骚扰的最过火的行为（几乎可以保证不会出现在你目前所在机构的政策手册上）是什么？你可能以为自己知道这些问题的答案，但是，你可能也会震惊地发现，你的生理机制正在通过本能行为给你带来深刻而持续的损害。

生物学上的角色、规则与分歧

在我们祖先的世界里，女性的价值在于她们有能力维系团结合作的群体，这有助于保证后代的安全；而传统意义上身体更强壮也更有优势的男性则是狩猎的主力。这种具有性别特异性的选择，至今仍然适用于大多数哺乳动物。雌性因其繁育及抚养幼崽的能力备受重视，而雄性被看重的则是地位以及地位所带来的保护能力和资源。

我们可能认为自己早已超越了这些过时的古老规范，但全美女性每年在美妆产品上的花费超过4500亿美元不是没有原因的。20万年以来，女性获得资源的最佳方式，一向是通过地位较高的男性。到目前为止，我们依然会试图让自己看起来既年轻又"匀称"——这是健康和生殖能力的象征——来吸引优秀男性的注意力。因为许多男性在择偶上依旧被男性本能的偏好所驱使，所以女性也会相应地做出各种稀奇古怪的事情来吸引潜在的伴侣。往脸上注射毒素（肉毒杆菌）和穿戴刑具一样的束腰紧身胸衣只是其中的两个例子。此外，似乎还有一个比较普遍的现象：年长一些的女性更倾向于把头发染成较浅的颜色。好吧，"绅士更偏爱金发女郎"这种老话可能的确在其中发挥了一点作用。不过，超过生育年龄的女性是不可能拥有"天然"金发的，我们的发色会随着年龄增长自然变暗或者变得灰白，因此，偏爱金发女郎的绅士们可能也把金色的秀发当成了"年轻"——具有伴侣价值——的参考点。

自20世纪20年代以来，历届"美国小姐"人选和《花花公子》杂志插页女郎的腰臀比一直呈现出惊人的一致性，而这当然也并非巧合。那么，0.7的腰臀比有什么奇妙之处呢？这个比例能够实现生育能力的最大化。即便生活在一个可以通过节育措施主动避孕的时代，我们的思维依然将我们引向那些能最有效为我们生育孩子的人。

雄性也有自己独特的方式来彰显地位，从而获得配偶。你可能见过雄性孔雀那美丽的尾羽（这是用来吸引雌孔雀的），或者雄鹿头上威武的鹿角（它既能展现雄性魅力，也可以用来恐吓对手）。同样，人类男性会用"彰显地位的消费"来展现自己身为配偶的价值，并向对手展示自己才是最优秀的那个。男性在法拉利、兰博基尼和劳力士等奢侈品牌上花了很多钱，而这些奢侈品的广告本身主要也是针对男性群体的。一个惊人的现象是，在一些研究中，在实验人员人工提高了男性被试者的雄性激素睾酮水平（提升到在具有吸引力的女性身边时会自然达到的最高水平）之后，这些男性会选择高档名牌手表和服装，而不是质量更好的产品。

不像孔雀展示尾羽，也不像雄鹿展示鹿角，人类男性积极主动展示的是自己的地位。

出于同样的原因，男性会非常在意自己的身高，所以政客才会在鞋子里塞上增高垫，在讲台后面加个能站上去的平台。为什么他们需要看起来更高一些呢？因为女性喜欢高个子的男性（而当男性要将其他男性推选到具有权力的地位上时，他们也会倾向于选择更高大的人）。在我们祖先生活的危险环境中，身材更高的男性容易获得更高的地位。身高优势一度能让男性成为更强大的猎人、战士，以及资源的保护者。到了今天，这种偏好又以各种奇怪的方式出现在我们眼前。比如在所有美国男性中，身高1.83米以上的人群只占可怜的14.5%，但是，如果你把范围缩小到财富500强企业的男性CEO，那么身高1.83米以上的男性占比就上升到58%了！2013年，一项针对历届美国总统身高的研究发现，最后一位身高低于美国人平均身高的总统是1896年的威廉·麦金莱。根据研究人员的推测，候选人的身高可能会对选举结果产生高达15%的影响。将身高与地位挂钩的性本能，很可能是把高个子男人推上权力高位的驱动力。如今，从政界到董事会，祖先的逻辑偏好依然像幽灵一样在我们的行为中萦绕不去，尽管身高和领导能力之间没有任何逻辑上的联系。

文化上对性别价值规范的强化，甚至影响了我们对后代的关心。全球数百万人的谷歌搜索汇总数据表明，在搜索栏输入"我的儿子是不是"之后最经常出现的词语是"天才"或者"有天赋"，而近似的搜索项"我的女儿是不是"后面经常出现的是"长得不好看"或者"超重了"。这个现象非常令人不安。一涉及性别问题，我们就依然会纠结于女性的外表和男性的地位，并把这二者作为价值的指标。而且，问题还绝非仅限于此。

性策略

性本能塑造了我们的行为，如果我们不能有意识地引导（并且重新定向）这些行为，它们最终就会导致两性之间的沟通不畅与目标不一致。这是因为男人和女人不仅仰赖不同的信号来展示和判定作为配偶的价值，还会运用两种完全不同的策略来实现繁殖的目的。

在具体探讨性这个问题之前，请各位先暂时戴上生物学的滤镜，想一想为什么传统的生育方式会让女性承担高昂的代价。请你想想看，女性从排出卵子、受孕、规避各种风险成功生产，到继续照顾后代，需要投入多少精力。生孩子需要耗费巨量的精力，而生产的机会又是有限的。女性只在一生中相对短暂的一段时间里（从青春期到绝经）可以生育，相比之下，男性的精子则直到本体死亡之前都保有活性。这导致女性在选择配偶方面有更强的辨别能力。请想象一下我们祖先中那些母亲的处境：先要怀胎十月直到生产，而她们富含营养和脂肪的乳汁在接下来的几年里又是这个孩子唯一的食物与能量来源，这可绝对不是什么轻松的差事。此外，女性在这段时间内还格外脆弱，因为她们采集食物和躲避掠食者的能力都会因为怀孕和照料幼子而显著下降。女性面对的巨大压力，会推动她们选择一位高质量的伴侣（这也促进了男性对地位的追求）——有着良好基因的优秀供给者和保护者。

另一方面，男性的繁殖游戏则完全不同。对于男性而言，寻觅配偶就是寻求年轻而匀称的女性——而且越多越好！这并不是在对男性进行抨击，只是在陈述雄性大脑如何运行而已。精子制造起来成本是很低的，男性的每次射精都能产出5亿个精子。从生物学上讲，男性射出精子之后，下一代的生长发育对他就已经没有需求了。所以男性对配偶的质量不会那么在意。（如果这个月还有差不多100次让其他女性受孕的机会，那谁还会在意这一次能不能成功孕育孩子呢？）。在性这个问题上，男性的本能是追求数量——尤其是好生养的女性的数量。（这也推动了对理想化的"美丽"的选择。）

在繁殖成本和求偶策略上的生物学差异，意味着男性和女性的大脑注定在思维和运行的方式上会有所不同。性本能以及寻找伴侣的方式产生的涟漪效应，对我们的个人生活与职业生涯有着深远的影响。

20万年以来，男性被选中依据的一向是他们的地位、统治力和供给资源的能力。而在过去的100年里，随着越来越多的女性掌握了不依赖男性生存和获取资源的能力，女性开始进入传统意义上只属于男性的领域（职场就是其中之一）。这将会发生什么呢？如今，在世界各地的权力组织中上演的，堪称一场颇具戏剧性的大规模行为学实验。

现代错位

随着女性在职场中越来越常见、越来越强大，并且开始逐渐接管传统上由男性占据的较高职位，两性之间出现严重的冲突也当然毫不意外了。男性不仅感觉到文化上的错位，对于那些（至少根据性本能）让他们失去成为更具吸引力的伴侣机会的女性，还产生了有意识或下意识的嫉妒和威胁反应。实际上，这种现象也在研究中有所展现。一项发表于《人事心理学》(*Personnel Psychology*)杂志的研究发现，有助于包括男女两种性别申请工作的品质，会影响对女性求职者的表现评估。换句话说就是，女性需要十分胜任某个职位才能被雇佣，但是求职时体现出的同样的高能力会带来较低的表现评价，尤其是来自身居高位的男性的低评价。身为追求成就的女性这一点本身就会为她们招致惩罚。

华盛顿州立大学的一支研究团队发现，男性对掌握权力的女性的行为反应可以说相当糟糕。谈判训练中，男性下属与职位更高的女性分到一组时，会表现得更加独断自负。在一个预设的场景里，研究人员要求男性被试者与一位女性经理就一笔1万美元奖金的划分进行协商。对男性被试者划分的公平程度影响最大的因素是，这位女性上司是否被形容为"追求权力"或者"野心勃勃"。（如果是，他们给这样的女性上司的份额，要比没有被如此形容时少很多。）紧随预设场景之后的是隐性威胁测试，这种广泛应用于社会科学研究中的测试可以揭示出潜意识层面的关联。研究人员让男性被试者快速辨识在屏幕上出现几分之一秒的词语。上一个测试里与"野心勃勃"的女性上司进行协商的被试者更倾向于认出"恐惧""风险""威胁"这样的词语。这表明，他们实际上至少在潜意识里感觉自己受到了这些"追求权力"的女性的威胁，哪怕他们并不会有意识地承认这一点。

不过，男性也不是唯一需要在工作中进行生物对抗的性别。职场上的女性往往很难得到足够认真的对待，尤其是在她们有了子女之后。2011年，曾格-福克曼顾问公司针对7280位公司领导者的调研显示，在（由员工评出）总共16项顶尖领导人最突出的能力中，哪怕其中有15项都是女性排名高于男性，只要母亲的身份被揭露，对她们能力的评价就会下降，同时，她们还会被认为对工作投入得不够。然而，对男性的评价就不会因为背上了父亲的标签而下降。实际上，拥有父亲身份的男性领导反而会让人感觉更负责任！本能再一次干扰了我们的判断。一旦想到女性——即便是手握权力、承担着责任、身为合格领导人的女性——也是母亲，我们的性本能就会激发出阻碍女性的古老联想。但是，性别偏见的反面也必须得到适当的重视。

由哈佛大学和美国海军学院共同推出的一项研究以及皮尤研究中心的调研结果，分别揭示出一种被称为"女性美好效应"（在英文中简称为"WAW效应"）的现象。该效应会把与同情心和同理心相关的特质与女性关联起来，并且认定女性在这些特质上拥有更高的水准，这很有可能源于对女性抚育天性这一进化根源的联想与认可。不过正如《彭博商业周刊》2019年刊登的一篇文章明确指出的，因为我们对这一性别的积极联想而不恰当地将女性推向领导地位，无助于职场的道德、尊重与良性运转："认定女性与男性在本质上有所不同是一种性别本质主义，会导致高层的女性数量减少。"

这里探讨的并不是哪种性别更适合领导角色，现实是男性和女性的传统技能我们都需要。领导阶层是一个没有性别属性的领域，但了解我们的本能如何塑造了男性和女性的思路，了解它如何让男性感觉自身受到了"正在谋求我的地位"的女性威胁，让女性认为家庭主夫"不是有价值的资源提供者"，对于干预本能、不让它引导我们走上危险的道路而言是不可或缺的。

2018年，我进行了一系列实验，请女性高管参与一组内隐联想测试。内隐联想测试测量的是大脑分别关联起两个概念所需的最小时间差。比如，对于"海滩"这个词，你会更快地把它和"太阳""沙子"之类的词联系起来，而不是和"回形针"这种完全不沾边的词。原因就在于，你的大脑已经通过进化或者文化层面上的"编程"，预先将这些概念联系起来。你上一次去海滩玩的时候，多半肯定见到了沙子，所以在你的大脑里，"沙子"和"海滩"之间的联系肯定比"回形针"和"海滩"之间的联系要多。而最终的结果就是你会迅速把沙子和海滩联系起来，而很难将回形针和海滩联系起来。这个实验概念可以用来接通你的潜意识，从而测试那些更加重要的配对。在上文所述的实验中，我要求参与测试的女性CEO分别列出和"家庭"相关的词语（比如双亲、子女、兄弟姐妹），以及和"领导"相关的词语（比如老板、CEO、权力），再把这些词语和男性或女性的面孔进行配对。

实验的结果让我十分震惊。这些手握重权的女性领导有95%的人都更快地把"领导"分组下的词和男性面孔联系起来，同时把"家庭"分组下的词和女性面孔联系起来。为什么这些有权有势且独立担任领导职位的女性不能迅速地在女性面孔上找到自己的形象，并立刻把女性面孔和领导所需的品质联系起来呢？

答案是性本能深刻地塑造了我们对性别的看法，而这种看法如今在逻辑上已经不再适用了。

还没从此前的测试结果带来的震惊中缓过来，在机场随手拿起的商业书籍又让我不得不直面我自己的性别偏见。那本书的标题吸引了我的注意力，但是一留意到封面上的作者是一位女性，我的兴趣就立刻减退了。这是一个令人痛苦的发现。身为一位颇有成就的商界女性，我曾经多次以书写或谈话的形式探讨这种性别偏见，但本能还是让我认为另一位女性书写的商业书籍缺乏价值。实际上，撰写本书的时候，我甚至严肃地搁笔考虑过，是要署自己的全名，还是为了规避这种虽令人不适却十分真实的偏见而只署"R.海斯"。看来，各位睿智的读者在买下这本女性撰写的商业类书籍时，已然战胜了本能的迟疑。不过，科学研究发现，这些本能并不是那么容易克服的。

一系列针对简历的研究可以引导我们了解这种现象。这些简历的内容大体上一样，唯一的区别只是上面的名字。诸多研究者都发现，即便提交简历的求职者资质完全一样，简历上的男性名字也会让招聘人员认为该候选人比女性候选人更有资格、更有能力，并且更值得获得薪酬更高的职位。

为什么我们不能给女性提供公平的就业机会呢？这就需要我们一同对千百年来用来衡量男性和女性的各种品质进行回顾了。

2018年6月，作为世界上最大的会计师事务所之一的安永公司，针对积极进取且很有前途的女性领导推出了一项名为"权力—仪态—目标"的培训，却也因此而陷入了水深火热的困境。这项培训包含了如下的建议：

• 着装必须赏心悦目，但是短裙绝对不行。

• 女性应当看起来健康又得体，"发型精致"，"指甲经过精心修剪"。

• 不要在会议上与男性针锋相对，这会让人觉得你很有攻击性。

• 不要与男性面对面讲话。对话时应该坐在他的斜对面，并且注意交叉双腿。

在安永公司推出上述培训的一年前，谷歌解雇了软件工程师詹姆斯·达摩尔，此人一篇被称为"谷歌的意识形态回音室"的内部备忘录，在谷歌内部和全美各地的讨论组中引起了愤慨。达摩尔在这篇备忘录中表示，鉴于男性和女性大脑模式的不同，谷歌不应该把那么多钱花在招募女性进入工程领域上，也就是说，男性才适合这一类工作。

表面上看，安永公司的培训项目和谷歌泄露出的备忘录都非常令人不适，但是我们有必要后退一步，去审视这两种观点背后潜藏的生物学基础。当然，"权力—仪态—目标"培训确实会让人感觉到对女性的严重冒犯，女性也完全可以走上工程师的岗位，但是话说回来，这些惹人厌的观点最深层的理由可能是合理的。

亲爱的读者，在你提出反对意见之前，请先听我把话说完。

各位女读者：我绝对不是在说你需要适应男性，并且通过退缩来保护他们那点脆弱的自尊心。

各位男读者：我也不是想说你娇弱得无法应对资质优秀的女性带来的挑战。

一旦理解了性选择如何塑造了我们的本能，那项训练我们作为女人该怎么穿才能被认真对待，或者怎么在工作场所接触男性才不会挑战他们地位的培训，实际上还算有点意义（至少在我们祖先的语境中是有意义的）。

在一个理想的世界里，我们都是思想开明的生物，只遵照我们有意识的高水平大脑行事。因此，我们不需要那种荒谬又落后的建议：女性不应该小心翼翼地绕过男性的地位走才能晋升，甚至于才能保住自己的事业。但男性也不应该因为挑战了旨在招聘女性的激励方案而被解雇。达摩尔的观点并不是认为女性不能胜任这项工作，而是女性（就平均而言）不是那么自然而然地适配于谷歌工程师要做的系统工作。我关注的是达摩尔观点中体现的正态分布人口的平均水平。并不是说具体某一位女性不可能像男性一样能够胜任这项工作，或者比男性更能胜任这个职位，而是就一定人口之中的平均水平而言，这个观点是成立的。

在撰写本书期间，虽然谷歌每年都会将超过1亿美元投入多元化计划，但女性在技术人员中的占比依然很低（只有17.8%左右）。而达摩尔的观点是，也许谷歌这是在花费巨资去解决一个并不需要解决的问题：也许这只是男性和女性的大脑之间差异的自然表现而已。

毫无疑问，我们的生物拉力并不是在真空中体验到的。社会化和文化造就的性别规范，既由我们的生物特性所诱发，又进一步被我们的生物特性所加强。一个令人震惊的例子是，研究发现，如果让女性想起那些和性别有关的刻板印象，比如女性不如男性那么擅长数学，她们在接下来的数学考试中的表现就会受到影响。而老师、家长以及同龄人持续不断地重复这些刻板印象，当然会深化既存的生物规范，并且让任何超出这些规范的天赋都遭受损害。但我认为最令人震惊的发现其实是我们"纠正"这些社会化实践的方式——我们会通过鼓励和推广让更多年轻女性去接触STEM（科学、技术、工程、数学）行业，却不会鼓励更多年轻男性进入家政和早教领域。

虽然我并不打算抹掉招聘中存在偏见这个真实存在的问题（上文所说的：即便拥有相同的技能，女性也会遭受区别对待），又或者是在用工、培训、薪酬、晋升以及其他诸多职场方面女性处于不利地位的问题，但是我们往往会忽视所有这些偏见背后最大的根源之一：并不是走上工程师岗位的女性不够，而是从社会的角度来看，我们会更重视工程师而不是小学教师——至少地位和薪酬方面体现出来的是这样。因此，鼓励年轻女性进入传统上以男性为基础的行业的努力得到美化，但是鼓励年轻男性进入传统上为女性保留的领域就没什么回报了。

我们赋予传统"女性工作"的货币价值与地位衍生价值，明显低于传统上由男性主导的职位。达摩尔的观点是，谷歌不应该花费上百万美元招募女性走上工程师岗位——或许应该提出一个相反的结论：我们应该花费同样的重金来雇佣年轻男性担任小学教师。说到底，小学教师队伍里的男性比例——11%——可比谷歌女性技术人员的17.8%要低不少。虽然的确存在一些适当的举措来试图招募男性从事这些工作，但是我们确实没有看到数百万美元被投入小学教育中的"多元化计划"。教育领域的职业一向被大大地低估了，因为这些职业在传统上都是面向女性的。

就性别而言，男性和女性并不平等，我们也从未实现过平等。作为一个整体，我们的生物特性以独特的方式塑造了我们，让我们能够在某一些领域表现出色，在另一些领域就需要他人的支持。但需要明确的一点是，这并不意味着个体的差异就不存在了。

不幸的是，我们的心智并不怎么关心能打破性别规范的个体案例，比如能够成为优秀程序员的女性，或者被认为是最好的早教专家的男性（更不用说那些自我定义为非二元性别的人士了）。我们的大脑惯于将人群划分为不同的类别，并给他们贴上各种群体身份的标签（这一点我们在第五章会继续探讨）。因为我们生活在一个由80亿人构成的环境中，所以大脑会走一个捷径，让我们能平均地对尽可能多的人进行分类。然而这就意味着，我们有时会很不幸地搞错分类。有没有天生就比任何男性更适合做工程师和程序员的女性呢？绝对是有的。有没有天生比任何女性都适合保育工作的男性呢？毫无疑问也是有的。但是，当前的招聘与求职方法，会让我们错过这些"规范"之外的例外情况。我们不会把某个达雷尔看成"绝好的保育员达雷尔"，而是一看到他是男性，就立刻用男性通常的相关特征对他进行分类。同理，某位名叫金的女性也不会被当成"工程师金"，而是和其他所有女性一样被归类到女性的一般范畴之内。但是，即便这个世界上的"金"和"达雷尔"只占了总人口的1%，也意味着我们用本能决定的性别规范误判了1.6亿真实能力与规范不符的人。

虽然达摩尔的观点可能有一些生物学上的道理，但其中的细节明显需要进一步的讨论和商榷。然而不巧的是，谷歌对达摩尔备忘录的直接反应是立刻终止和他的雇佣关系。在我看来，这是一家公司能做出的最可怕的反应了。

如果员工愿意参与讨论具有挑战性的话题，可能会给游戏规则带来巨大的改变，而且假如我们可以从中得出积极的意图，并围绕这个话题展开更多的讨论，那么就没有人应当为此受到惩罚。我们必须停止对参与看似具有政治色彩或动机的话题的恐惧，让科学来引导我们的讨论。我们以人类的身份走入职场，每个人都带着自己的本能、信念和想法。我们越能将对方看作个体意义上的人，而不是性别、种族，或者其他我们的大脑希望用于简单分类目的的标签，就越能根据真实的技能和能力来评价他人。但是，这需要我们愿意对分类本能的矛盾和复杂性以及那些打破常规的个人进行深思。

出于同样的原因，我花了相当长的时间才找到在这个多元化的商业世界里发出自己声音的方式——此前我一直害怕说错话（怎么说才是最恰当的：黑人、非裔美国人，还是有色人种？我该怎么称呼非常规性别的人群？），我没有支持或者捍卫某一个立场，而是像其他所有人一样保持沉默。而如今，我则会把一句从知名社会学者布琳·布朗那里借来的话当成自己的箴言：**我不是要表现得正确，而是要让事情走上正轨。**科学无关政治，我在这里的言论遵守的是科学的原则，也以科学为依据。因为害怕惩罚而保持沉默，可能是某个人（或者组织）能够采取的最受约束也最孤立的做法了，然而对于感觉自己失去力量的人来说，这又是首选的策略之一。在极端恐惧的情况下，也就是与其说沉默是选择不如说是生存策略的情况下，性别发挥着另一种巨大的作用。

性骚扰——苦笑着默默承受

"我已经长大了，知道是怎么回事了。"我甚至不太确定这话是什么意思，也不太知道到了多大年龄人就突然"知道是怎么回事了"。不过，如果有谁对那个年龄有任何头绪，我肯定也早就过了那个年纪。

我是职场专业人士。我擅长运动，是身高1.77米的强壮女性，我拥有博士学位，几乎不害怕任何人。或者说，至少在那个南方的炎热夏日，坐在餐馆里的我是没有感受到任何恐惧的。

我的手机响了。是我朋友打来的，他告诉我他会因为堵车而迟到差不多45分钟。真扫兴。不过，和此时只能对着笔记本电脑吃薯片蘸萨尔萨辣酱比起来，更糟糕的事当然还有很多。而眼下情况似乎在好转：一杯啤酒送上了我的餐桌，是房间另一头的男人请的。我平时不怎么喝酒，尤其在午餐时不会，不过我大概明白怎么回事："这是什么情况？"

我不想让人觉得自己粗鲁无礼，所以以优雅的姿态接受了这杯酒水，并向请客的那位男士挥手致谢。故事原本到这里就该结束了，至少我希望它到这里就结束了。

我一边抿着啤酒，一边继续在笔记本上工作，没留意到有人已经偷偷钻进了卡座，坐到了我身边。所以当我抬起头，发现自己被那个请我喝啤酒的男人困住的时候，我吓了一跳。我倒是没有感觉受到威胁，只是有些惊讶。

我对他笑了笑，再次感谢了他的啤酒，接着就很快重新开始工作，以此传达出对进一步交谈没有半点兴趣的信号。但是，那个男人又凑近了一些，开始跟我搭话。我用各种简短的咕哝作答，在不至于粗鲁的前提下伪装出最低限度的兴趣。我不想显得没有礼貌。但是，他依然喋喋不休地说着，一只手还摸上了我的腿。

我有点生气了。

"对不起，我现在很忙。我很感谢你的啤酒，但是我真的有工作要做。"这么说应该足够明确了。

可惜我还是想错了，那个人凑得越来越近，把我逼进了卡座的一角。

请容我暂停一下自己的陈述明确一下，实际上我并没有感受到身体上的威胁。我是个运动能力很好的高个子女人，只要我想，我完全有能力把这个人一把推倒在地，然后走开。但是这时候我突然听到了那个声音，那个无数女性再熟悉不过的声音。那个声音告诉我们：好好表现，不要大吵大闹，这家伙只是想请你喝一杯酒，别伤他的自尊。

与此同时，那人的手重新摸上了我的膝盖，并且开始飞快地上移。我努力把腿再挪远一点，卡座的胶皮座椅紧贴着大腿，黏糊糊的，不知多少打翻的碳酸饮料和萨尔萨酱的残迹蹭着我的皮肤。

"不行。请不要这样。我朋友可能随时都会过来。而且我还要工作。请回到你自己的座位上去。"

他的手现在摸到我腰上了，我的视线飞速扫过整个房间，试图找到能帮助我不失风度地脱离窘况的人。每一双与我目光相接的眼睛都闪现出明显的同情，然而他们又很快重新看向了自己的餐盘。没有人愿意插手这种情况，就像我自己不愿意大闹一场一样。

我第五或者第六次把那人的手从自己身上挪开，算是接受了他不会放弃这一事实。然而在内心深处，我只想一边尖叫着踢打，一边冲那张鲁莽的面孔咆哮："谁允许你这么干的？我都表现得那么明显了，不许你得寸进尺，现在快滚！"但是我一开口，说出的却是含着歉意的低语："对不起，你可能没明白我的意思。请不要再碰我了。"

我不想做"那个女孩"，那个大吵大闹，让"只是想表示友好"的男人蒙羞的女孩。请相信我，写下这种话的时候，我非常清楚自己完全有权利去做这样的女孩。

我的朋友终于冲进了餐厅。在整件事发生期间，我一直在给他发短信。虽然朋友一直在短信里鼓励我只要起身离开就好，但我还是坐在那里，就像被钉在卡座里一样，在整整45分钟的时间里，一次次地把这个陌生人的手从自己身上挪开。我一点都没夸张：整整45分钟。

幸好朋友迅速地处理了这个情况，发现礼貌地请那人离开无效之后，他直接把对方从座位上拎了起来。那之后没有发生任何暴力事件，也没有引起什么大骚动。只有我满脸涨得通红，为居然落入不得不让人家来拯救的境地而咒骂着自己。朋友做的每一件事都是我自己有能力做到的，那么，我为什么没有采取行动呢？

在那之后，我把自己放在一个旁观者的位置上，一遍一遍地在脑海中回顾那天的事情。我很清楚，如果我是旁观者，我完全可以像我的朋友一样把那个男人扔出去，扮演一把拯救被困在卡座里的女士的"英雄"。但我的行为和这种强烈的信念有了直接的冲突。我想说的是，此前我从来没相信过这种声音：**女人不应该伤害男人的自尊，或者女人不应该当众大吵大闹。**

但很明显，这也只有在那个女人不是我自己的情况下才能成立。我表面上抗拒着这些规则，然而大脑构建的真相无疑导致了一个巨大的悖论。

除了餐厅里那一刻，那个男人对我的生活没有半点影响。他不是我的老板，也不是我的同事，甚至不是我可能会再次遇到的人，但我还是没办法维护自己的立场。设想一下，如果这些假设全部成立——如果他的确是我的老板、我的顾问，或者我的同事——那整个情况又会变得多么艰难。

不想要的性接触——尤其是来自雄性的性接触——在自然界中并不算罕见的现象。但它在我们生活的世界里确实相当不可接受。随着#MeToo（我也一样）和#TimesUp（时候到了）运动让人们更多地了解到工作场合中的性骚扰是多么频繁，我们面对着一个令人作呕的提醒：人类依然不能得当地控制自己的性本能。除了实实在在的人类尊严的损失，性骚扰也让企业在金钱方面付出了巨大的代价。

关于性骚扰成本的最新数据是严重过时的——20世纪90年代初，联邦政府工作场所中两年内的总金额是3.27亿美元。虽然人们向#MeToo和#TimesUp运动投入了大量的精力和关注，性骚扰相关的数据却没有发生任何变化。实际上，根据平等就业机会委员会的统计，2015到2019年之间的性骚扰指控每年增长10.1%。

除了情感上和偶尔会产生的身体上的损伤、庞大的法律费用，以及被诸多研究证实的员工积极性下降、失误增加和生产力下降，性骚扰对整个办公室文化的涟漪效应，和我们给被误导的性本能贴上的这最后一张标签，同样无法忽视。

这就使得对两性的性投资差异的理解与欣赏显得格外重要了。

研究发现，男性的大脑做好的是性感知过度的准备。这就意味着从本质上讲，男性以为的女性对他们感兴趣的程度远比女性实际的程度要大很多。一项于2003年发表在《人格研究杂志》（*Journal of Research in Personality*）上的研究表明，如果女性对男性微笑，或者触碰了男性的手臂，男性就更有可能将这些举动错误地当作求爱的信号。这完全是性本能的作用，它要确保男性不会错过任何一次交配的机会。毕竟从进化的角度来看，男性因错过和对他有意的女性生育子女的机会造成的损失，要远远大于为追求并不感兴趣的女性付出的代价。不论是否仅存于潜意识层面，这种过度感知往往都会导致信息的传达错误——尤其是在考虑到女性视角的情况下。

女性的繁殖成本在生物学上显然要比男性高昂得多（九个月可是很长的时间），所以，她们会更为谨慎地选择自己的伴侣。

让我们分析一下。如果一位表现出性兴趣的男性接近一位女性，而这位女性对他并不感兴趣，那么，作为一名现代女性，她最好的选择是什么呢？她的本能可能在无意识中是如此评估这一情况的：

1. 我应该拒绝他吗？ 一项关于"预判男人对模拟约会对象拒绝的直接反应"的研究（2018年）认为，这可能不是个好主意。因为攻击和暴力是应对性拒绝的常见反馈。"从远古时代开始，男性接受的教导就是要维护自己的男子气概，"心理治疗师杰米·格莱彻（Jaime Gleicher）如是说，"所以一旦遭遇拒绝，他们就会将其与男子气概联系起来。如果男子气概被外界所威胁，他们往往会倾向于为之战斗——而战斗也是一种证明男子气概的方式。"他们请的饮料被拒绝，感觉更像是被剥夺了他们的男子气概。所以，拒绝可能不是好的解决方案。

2. 我应该逃跑吗？或者索性击退他？ 在压力巨大的环境里，我们的战斗或逃跑反应或许会发挥作用。但这两种反应此时的效果可能都不十分理想，因为男性很有可能动作更快，身体条件也更有优势。

3. 我应该僵在原地不动，微笑着试图安抚对方吗？ 这是本能通常会为我们做出的选择。为什么会这样呢？或许是因为微笑是表现出社交不适感的一种具有普遍性的自然反应。如果你不知如何回复，那么微笑一下似乎是个不错的选项。它体现了谦恭与善意。但是主导地位假说（dominance status hypothesis，已经得到充分支持）又对我们的露齿微笑提供了另一种略显阴暗的解释。

根据主导地位假说，女性大脑在感受到威胁时会发出"微笑"的信号，更大程度上可用权力动力学来解释。作为在社会地位和身体条件上都较为弱势的性别群体，女性为了调解局面，会用微笑表达顺从，而这往往会导致男性大脑的误判和误解。女性可能根本没有意识到自己在微笑，就像男性没有意识到自己将对方紧张的微笑误读为感兴趣一样。

在2001年一项发人深省的研究中，心理学家采访了197位女性，询问她们会如何回应职业面试中不合适的问题，这些问题包括"你上班时穿胸罩吗？""你觉得自己有性吸引力吗？"等。虽然每位受访女性都回答说自己不会容忍这样的行为，但她们的行为给出了与此相悖的答案：此后，部分受访者会在一场她们以为真实的"入职面试"中面对这些问题，而她们不但全部回答了这些问题，还在这个一定十分令人不适的情境中待了一段时间。在后续采访中，每一位参与了面试的女性都表示自己在面试过程中感受到了恐惧，而这种恐惧转化为仿佛紧紧粘在她们脸上的微笑，就像在持续不断地发出不具威胁性的恳求信号一样。

从认识到行动：引领超越性本能的责任时代

我们应当超越自己的性本能，学会欣赏每一种性别的奉献，同时不再恐惧失去我们作为有价值的贡献者的地位。在生殖利益上的错位，不应该使我们陷入在非自愿的情形下成为性骚扰受害者或成为行凶者的境地。

如何才能干预深植于我们每个人身上的本能呢？关键就在于首先对我们的性别在更高状态下的行为方式产生真正的认识。研究员乔治·勒文施泰因（George Loewenstein）将不同的生理状态划分成"冷"和"热"两种。所谓冷状态指的就是强调逻辑而非情感的状态。在上文所述的事例中，那些女性在被问及会如何应对面试中不妥问题时就处于这种状态。因为这些女性只是在设想这个情境而已，所以她们还能停留在冷状态之下。勒文施泰因认为，在"冷"与"热"的自我之间，存在着一种难以调和的理解鸿沟。在热状态下，我们无法设想做出和当下所做的不同的行为，而在冷状态下也是一样。比如，那个困在餐厅卡座里的我，完全无法设想自己一把推开身边的人脱困，但是如今坐在这里撰写本书的我，也无法设想自己不去这么做。就好像此时的我和彼时的我是两个独立的人，彼此都完全无法理解对方如何在特定的情形下被强烈的情绪压倒。

在固定实验环境中，勒文施泰因的团队也对男性的行为进行了测试。他们发现，处于性唤起（一种热状态）之下的男性会更倾向于鼓励女性过度饮酒（从而降低她对性的抗拒），更倾向于给她的饮料下药，甚至在女性明确表示拒绝之后依然更倾向于迫使她与自己发生关系。而同样的男性被试者在非性冲动状态（一种冷状态）下就会更加尊重女性的边界。

如果我们开始审视男性和女性分别在两种不同的热状态（性唤起和恐惧）之下如何抛弃自己在冷状态下的逻辑，就会明白危险情况是如何展开的。看起来情况充满戏剧性，然而许多恐怖的场景往往都产生于微不足道的小事。请回忆一下，你和同事在性骚扰相关的培训中是多容易对内容翻起白眼。当然，把自己置于那种妥协的情形下确实很荒唐，但是请不要忘记，我们的冷状态自我和热状态自我是多么无法相互理解。如果通过强调"冷""热"状态下的不同逻辑来开启关于职场性骚扰的讨论，那就可能会极大地改变人们在接受这些重要培训时所采取态度的严肃性。

对性本能的高度认识不仅限于在性骚扰问题上。在对传统性别角色进行定义并赋予价值的时候，我们所有人都必须成为活跃而警惕的哨兵。最近，我邀请了一个由不同性别的CEO组成的小组和我一起进行一次思维实验。我买了十几本杂志分散地放在桌上，供小组成员随意取用。这次训练的目的是以置身事外的身份来研究这些杂志，从而了解这个关于性别的问题——在我们的文化中，是什么定义了男性与女性？作为这项训练任务的补充，我又让小组中的每位成员列出自己最近阅读的领导力图书，或者所收听播客中的前五名。实验得出的结论相当清晰：

1.女性通常被认为是美丽、纤细并且年轻的存在。典型针对女性的广告往往围绕着护肤品、美妆和育儿。

2.男性通常被认为是拥有地位、健硕体形和财富的存在。典型针对男性的广告往往围绕着健身、奢侈品和职业发展。

3.小组成员列举出的所有领导力相关的播客和书籍都是由男性制作和撰写的，社交媒体上领导力相关的网红也往往是男性。

首先要明确一点，我并不是想要责备那些产出优质内容的男性。我们当然需要有领导力的男性声音，但那绝对不能是唯一的声音。即便我试着通过在谷歌上搜索排名领先的领导力图书列表来扩大研究范围，它返给我的书单上99%乃至于100%也都是男作者的作品。我们必须有意愿冲破领导力单一视角的蒙蔽。如果想要干预自己的性本能，我们就必须给予自己的大脑替代信息。

该如何落实到实际操作中呢？你可以主动向一些人——他们能提供超出你本能视角之外的内容——获取有用信息，从而打开大脑中建立新连接的框架。比如，找一位领导力播客的女性制作者，或者撰写家政、育儿或仪表方面书籍的男作者。

你要逼迫自己由本能驱使的大脑形成新的联想和视角。可以把它当成一场游戏，让亲友、子女、配偶和同事留意你使用性别语言的情况，比如你会说"女老板"这种词吗？那"男老板"呢？"女领班"呢？或者"家庭煮夫"？这并不意味着你需要如履薄冰，但是这种做法或许能帮助你发现自己无意中针对两性产生的联想和刻板印象。你甚至可以挑战自我，主动去识别他人建立的这种联想。

观察自己的一个简单做法是做一个本能翻转游戏：在脑子里将

最近一次与他人的互动重演一番，但是在重演中将互动的对象换成一位男性、一位女性、一个孩子，或者一位亲属。如果你不需要改变自己说的话，或者自己的说话方式，那就说明你很可能并没受到性别规范的桎梏。你也可以把这种重演翻转过来，思考他人与你互动的方式。比如：最近我应邀与一个主要由男性组成的小组谈话，而在与小组谈话之前，我还有三次与其中的成员独立互动的机会，于是我就把这三次互动作为本能翻转游戏的一部分。

1.与我握手之后，一位男性表示："哇，你的手劲儿可真大。"我由此想到，如果我也是男性，他是否还会对我说同样的话。

2.与另一位男性对话之后，我站起身，而对方的反应是"你的腿可真长！刚才坐着的时候我没想到你有这么高。"这既是一种潜在的性挑逗，也说明我的身高对他的地位造成了威胁。因为发现了这一点，我可以给自己加上两分。

3.当我正在展示经过同行评议的科学文献中的一项研究时，第三位男性打断了我，并说道："我理解你想表达的观点，宝贝儿，可是……"他的行为不仅低估了我在这个命题上的权威性，额外加上的"宝贝儿"这个词，又让这一行为变得格外夸张。

我并不认为上述行为算是严重的违规，但是我们所使用的日常语言和由此产生的联想构成了一个强化的循环。大脑天生就会进行重复行为。所以，越频繁地目睹或者听到某些信息，我们就越容易被这些信息所影响。当我们应对的是像性本能这样强大的力量时，我们的消极行为模式就非常容易受到强化。

就拿"金发碧眼"这个我们都很熟悉的词作为例子吧。让我们一起玩个小游戏。请你想想都有哪些词语可以和"金发碧眼"联系起来，不妨把这些都写下来，不过千万不要作弊——只要把你最先想到的词语写下来就好。我并不是想要评判各位读者，也不认为知道这种刻板印象就代表你对"金发碧眼"持有相应的刻板印象式的看法。

我猜你可能想到了"脑子笨"或者"神经兮兮"之类的表达吧。

现在再想一想，哪些演艺明星或者知名人物符合"金发碧眼"的这种刻板印象。

和上文提到过的男性小组进行这项游戏训练时，我几乎从所有人那里得到了同样的答案：戈尔迪·霍恩、帕米拉·安德森，还有芭比。猜猜看，有哪些人名是我从来没有听到过的？在我询问过的上千人中，没有一个人提到肯娃娃（芭比娃娃的男友）或者布拉德·皮特，实际上，甚至没有人提到过任何一名男性。我并不认为你对"金发碧眼"有什么偏见，但是就我自己多年来从各类被试者处获得的上千份答案来看，我现在开始怀疑我们的确都对女性带有偏见了。

请回想一下几分钟前你写下这些与"金发碧眼"相关的负面表达时的情况，也请意识到你很自然地把这些负面表达和女性联系到了一起："脑子笨""神经兮兮""为人轻浮"——这些概念似乎只适用于金发碧眼的女性。你也不需要责备自己，因为持这一观点的不是你一个人。迄今为止，我还没遇到过哪个人能够在这些概念下回答出一个金发男性的名字——不论回答者本人的性别是什么。而如果你把"金发碧眼"换成"运动迷、傻大个",刻板印象则会在相反方向上起作用。关键就在于,要对这些潜意识中的联想产生认知,这样我们才可以开始挑战它们。

比如,对夸耀自己工作成绩的女性的评价,会比对吹嘘成就的男性的评价更差,她们还会被认为无法胜任工作。这就是我们应该主动寻找并质疑的联想。如果听到凯莉提及她和重要客户的电话沟通有多顺畅,我们是会翻白眼,还是像听到泰德这么说时一样对她表示祝贺?

女性时常会发现自己在商业领域处处受限。以下是我从前来咨询的女性处听到的一些常见的限制与束缚:

- 别人可能很喜欢你,但同时会认为你无能。
- 你可能很有能力,不过别人会把你当成一个贱人。
- 你可能非常女性化,但是这样别人就不把你当领导看。
- 你可能非常男性化,但是这样别人会觉得你傲慢自负。
- 如果你强势,别人会觉得你专横霸道。
- 如果你不强势,别人又觉得你无关紧要。
- 你要么是个糟糕的妈妈,要么是个糟糕的员工。
- 你要么是甜心,要么是泼妇。
- 你要么是个痛恨男人的女权主义者,要么是女性群体的叛徒。
- 你要么漂亮(但不聪明),要么聪明(但不漂亮)。

这样的例子可以源源不断地列举下去。

对于未能进入这个十分狭窄的"有效区"的女性而言,她们的困境甚至延伸到了社交媒体上。2019年,康奈尔大学的一项研究发现,Instagram上的女性网红往往因为过于诚实(比如发布没有化妆的照片或者和个人情绪相关的内容)以及过于虚伪(比如精修照片,或者照片里从来没拍到过凌乱的室内场景)而遭受贬低和骚扰。这给上面的列表又添了一条。

打破了性别刻板印象、不再是养家糊口那一方的男性,日子也不好过。"家庭煮夫"成了电影和电视节目中许多笑话的笑点所在。2013年的一项研究表明,不担任家庭收入主要来源的男性更有可能寻求焦虑、失眠,以及勃起功能障碍方面的治疗。另一项研究发现,这类男性也更有可能发生婚外情,研究人员猜测,此举是一种用来对抗"男子气概"受损的本能策略。

意识到某些特定的叙述和联想总是被反反复复地和自身的性别联系起来,的确非常容易让人感到痛苦,但是我们也拥有足以正面运用这些知识的力量。充分认识性本能对我们的影响,意味着我们得以踏入一个责任的新时代。在日常生存不再遭遇威胁的现代环境中,我们必须积极主动地挑战自己的性本能,一旦发现自己或他人的行为在它的影响下变得不恰当,就要立刻介入。

有时,这要求我们在目睹性骚扰发生或听到消极的性别规范语言时像旁观者那样进行干预。我们都有过这样的经历:听珍妮特讲了一个无人回应的性别歧视笑话;在餐馆里看到某个男人对陌生人动手动脚。我们大多数人都不想直接应对这种问题,但有很多策略可以用来对抗我们性本能的负面效果。虽然和冒犯者的直接对抗终究会发生,但事件发生的第一时间未必是直接对抗的合适时机。下面列出的每一种策略，都可以用来在事件发生时干预不当行为，保证当事人的安全，从而让合适的人在合适的条件下应对冒犯者。

1. 运用幽默。 心理学教授朱莉·伍德齐兹卡（Julie Woodzicka）指出，我们可以训练自己的大脑通过几句机智幽默的俏皮话来表现自己对他人语言或行为的不满（给他人传达信号）。"你能再说一遍吗？我刚才忙着翻白眼，没顾上听你说什么。"这样的回应既不需要你十分明确地表示抗议，又能让冒犯者清楚地感知到自己的行为是不受欢迎的。不过必须在此提醒各位，这种策略的有效性也有可能遭遇限制，因为讽刺或者以毒攻毒的反馈，只适用于成员地位相似的权力结构（比如它在同事之间是有效的，老板对下属就不行），有时它甚至可能让局面更加紧张。

2. 突然转变话题。 继续运用伍德齐兹卡的策略，准备几种将话题引向无关方向的方法。比如，"你觉得昨天的球赛怎么样？"或者"你有没有注意到最近路上红色的车好像特别多？"。这些话题转移没必要有逻辑，实际上可能越没逻辑效果越好。这样插话可以打破当前的模式，逼迫每个人再次回到更"冷"的状态中。

3. 找个借口和被骚扰的对象一起离开。 与其直接与冒犯者对峙，或者打断冒犯者的行为，不如转而关注骚扰的受害者。比如，"打扰一下，丹，我有点事需要你来会议室一趟，现在能占用你几分钟时间吗？"。

干预自身或他人性本能的责任，并不止于性骚扰方面，还包括性别规范方面。身为女性，我们不能再继续把彼此当作竞争者。虽然可能没有人会有意识地把这个说法挂在嘴边，但它总是频繁地体现在我们的招聘工作中。近年的一项研究发现，女性在招聘中雇佣相貌出众的女性的可能性要降低30%。其中一个原因或许是女性惯于利用自己的外形争夺男性的注意力（比如，炫耀自己的生育价值来换取男性的保护或资源）。我从来没听哪个人力主管对面前的应聘者说这种话："谢丽尔，你的资质非常适合这个岗位，我认为你也一定能融入我们的企业文化，不过有一个问题——你长得太有吸引力了，而公司里有不少有可能与我发生关系的男性，你会夺走原本属于我的关注，所以这就行不通了。"但这种不言自明的偏见的确得到了一些研究的支持。

那么，如果身为领导，要如何才能确保排除性别影响，建立最好的团队呢？除了对自己的性别规范建立认知，依靠专业工具也会很有帮助。有一些公司会提供从职位描述和简历中删除偏见信息的服务，从而确保潜在的应聘者能够在不受自身性别和招聘岗位影响的前提下获得公平的第一印象。

这类公司之一的"鸿沟跨越者"（GapJumpers）最近发现，只有20%的非强壮白人男子应聘者能通过第一轮面试。但是一旦从招聘方手中的简历中剔除所有助长偏见的要素，这个比例就会一跃上升至60%。所以，往往是大脑中这些小小的"快捷方式"，让我们丧失了许多雇佣合适人选的机会。举个例子来说，假如一位招聘者迫切地想要招募一位自称"鹰级童子军"（美国童子军最高级别）的应聘者，那么究竟是因为这位招聘人员对"鹰级童子军"

这个头衔所代表的技能和素养非常感兴趣，还是对男性领导人物的偏爱在作怪呢？招聘人员可能真的想要做出正确的选择，但是，如果不用精英童子军的相关技能来替代"鹰级童子军"这个头衔，我们的大脑就会倾向于直接走捷径，并在招聘中偏向于男性。多项研究发现，即便简历内容没有很大差别，女性名字应聘者获得面试机会的概率也比男性名字应聘者低40%。

有一项在学术界很有名望的研究：20世纪70和80年代，美国的交响乐团开始采用"盲选"机制招募，参加试演的乐手和评委之间隔着屏风，彼此无法看见。研究者发现，这个小小的改变让女乐手进入终选名额的概率增加了50%。虽然这种简单又优雅的解决方案在当代职场中未必总能落实，但变声软件作为一种对潜意识中的性别偏见十分有效的防范手段，则在面试中变得越来越流行。

尽管听起来可能有点愚蠢，也有点极端，但是的确很多研究表明，声音更低的人会被认为更有能力、更可靠，这就给声音更高更细的女性带来了另一道阻碍。

那么，对于传统的面试而言，有什么更好的解决方案吗？让应聘者做一做他们申请的工作如何呢？"鸿沟跨越者"公司发现，如果应聘者有机会在揭示性别之前通过完成与职位有关的工作来彼此竞争，那么表现优异的应聘者中将近60%是女性。

共同变得更好

每个人都与性本能绑定在一起，但是这并不意味着我们就必须成为它的牺牲品。实际上，我们可以通过组成互助联盟来干预我们的本能，从而对抗性别偏见。如果让身边的某位女性立刻列出她身上三个美好的特征，或者她这周工作中三项值得骄傲的成就，你或许会发现自己很难得到她的答复。我们的女性祖先并不会因为脱颖而出受到奖赏（除非脱颖而出的是她们的美貌），而夸耀她们象征地位的成就对我们的男性祖先而言无疑是一件充满挑战意味的事情（因为地位正是他们彼此竞争的筹码）。女性的谦逊因此得到了加强，并成了一项规范。所以一旦有女性通过自信的表现或者吹嘘自己的成绩打破了这项规范，她们在工作场合中就会面对十分明显的激烈抵制。专攻性别规范的心理学教授科琳·莫斯-拉库津（Corinne Moss-Racusin）发现，经常谈论自己成绩的女性，不仅不怎么被同事喜欢，挣的钱更少，而且更容易丧失晋升的机会。

而在另一方面，那些展现出脆弱、同理心和谦逊，从而打破性别行为规范的男性，同样会被同事用"才华与能力低下"来评价。更多研究发现，与更符合男子刻板印象的男性员工相比，性格更温柔、更和蔼可亲、更愿意支持他人的男性收入明显更低（平均低18%左右）。

识别出既拥有良好的工作表现，又能展现出谦逊的品质和同理心的优秀男女，应当成为任何寻求建立和谐合作氛围的组织的基石（这也是我们会在第五章中继续探索的话题）。

以下是本人经常与一起工作的领导和组织分享的解决方案：通过鼓励员工（不论性别）彼此结成"夸夸好搭档"，来维护他人取得的成就或地位。为了避免女性因夸耀自己的成就而遭受强烈反击，她的搭档应该是组织内一名可以代表她分享成就的人员。这样，她的价值既能获得认可，又不会被负面效应波及。

同理，打破性别偏见的男性的"夸夸好搭档"也可以分享他搭档的谦逊如何帮助公司节省资金或超越竞争对手，以防止他不符合性别规范的行为给他带来地位贬值。"夸夸好搭档"为企业文化的转变提供了关键机会。它也让那些"性别特征"不明显人士的成就获得关注与尊重——不仅仅是在职场上，更是要推及整个社会。不论身处社交场合还是亲友聚会，我们都可以依靠"夸夸好搭档"的帮助，超越本能所分配的性别规范，转而开始尊重每一个个体。

想想我那打破了各种代际规范的曾祖母。在这短短的100年里，我们无疑取得了很大的进步。但我们也必须清楚地意识到，不论身为哪一种性别，我们的生理机制依然使我们抵制着最好的自己和他人。而意识到这一点，正是履行干预这种本能责任的第一步。

关键点

- 要意识到你的"冷"与"热"这两种情绪状态如何影响自己和他人的决定。
- 请求你信得过的人在听到你使用性别语言的时候对你进行质疑。
- 可以通过在网上做内隐联想测试，来更加清晰地了解自己在性别方面有哪些潜意识联想（或在其他方面有哪些偏见）。
- 有意地阅读一些女性作者撰写的领导力书籍，或者收听女性创作者的相关播客，对自己在领导力方面的看法和定义进行审视和调整。
- 主动寻找一些由男性作者创作的育儿及家政领域的书籍与播客。
- 明确自己对性暗示可能产生误解的情况。
- 在招聘中运用屏蔽性别要素的工具来限制性别偏见。
- 寻找并运用你的"夸夸好搭档"。
- 如果看到可能是性骚扰的情况，要积极干预。
- 回顾你公司的性骚扰政策，确保其中包含关于冻结反应的内容。
- 在追求性伴侣的过程中，你要明白微笑并不意味着同意。你要理解那是冻结反应的表现，给对方重返你身边的时间与空间。

- 如果你本人经历过"冻结反应",请记住那是你的生理机制在努力保护你。让自己从当时没有做到更多的自责中解脱出来。

第三章
多样性:"更少",却意外地更满足

乐高的经验

让我们花上片刻时间想一想那些利润巨大的强大品牌与企业。几个业界标杆的名字可能很快就会跃入你的脑海:苹果、谷歌、亚马逊、法拉利,还有乐高。好吧,可能你想到的名单里不包括玩具企业。但是在2008年到2010年之间,缔造了经典塑料积木的乐高集团盈利就超过了苹果,而它又在2015年一举超过法拉利成为最强大的品牌。这对于乐高来说是了不得的触底回归,因为它的故事险些就在2003年结束了——当时,它的负债高达8亿美元。

作为一家自1932年成立,直到1990年代末期都从未出现亏损的公司,乐高怎么会遭遇如此剧烈的下滑呢?更重要的是,它又是如何实现惊人复苏的呢?

1990年代末,顾问们曾经建议乐高的领导层增强多样性,他们坚持认为标准积木组件已经过时了。乐高遵从这个建议，开始增强积木的多样性，创造出高度专业化的复杂积木组件，颜色也从传统的红黄蓝扩展到包含50个色号。该品牌甚至开始出售服装和饰品，还开发了一系列电子游戏产品。除此之外，乐高还开始建设、运营主题公园，这又带来了几百万美元的开支。这一切都与乐高经营的标准塑料拼插积木业务相离甚远。为了迎合每一个市场，乐高几乎把自己的生意完全搞垮了。2000年，乐高公布了3600万美元的亏损，那时，他们的核心业务完全是由各种不适合自己的业务拼凑起来的烂摊子。

到了2003年，乐高的副总裁于尔根·维格-克努德斯托普（Jørgen Vig Knudstorp）非常清楚自己的企业遇到了麻烦，并且不打算隐瞒这一点。"我们就像被困在燃烧的钻井平台上一样，"他对同事们说，"我们的现金快要耗尽了……我们很有可能会撑不下去。"与董事会分享的这一消息绝对谈不上振奋人心，但维格-克努德斯托普自有计划。运营乐高的国际品牌集团（Interbrand）的西蒙·科特雷尔在2017年接受《卫报》采访时表示，那个计划就是让团队溯源，想想最初是什么让他们如此伟大。不断扩大的外包和持续增强的多样性，并不是乐高取得成功的关键。他们需要回归简约，专注于产品的品质而非多样性。根据科特雷尔的说法，他们的思路是"我们是工程师，我们很清楚自己擅长什么，所以我们就只专注于自己最擅长的事情吧。这是非常勇敢的做法，而很多公司也就是在这一点上犯了错，因为他们不明白，有时放手比紧抓不放更好"。

维格-克努德斯托普准备做的的确就是放手。他大幅削减了乐高并不擅长的业务部门，抛售了主题公园和电子游戏产品，并通过将乐高生产的零件数量从13,000以上减少到6500，对积木多样性进行了精简。很快，乐高就回归了正轨。

乐高的故事告诉我们：能做某件事，并不意味着应该去做。这个道理听起来可能有些老套，但是它的确造福了维格-克努德斯托普和乐高团队，最终也惠及了乐高的消费者。

拥有太多的选择每天都会给无数人带来巨大的焦虑与不满，还会导致决策瘫痪。实际上，追求多样性的本能很有可能正是生产力流失、关系破裂，或者整体上的不满足感的根源。我们之中的很多人都被困在乐高集团那样的死循环里，忘记了当我们专注于已经拥有的东西时是多么富有创造力和生产力。不过，有几个简单的策略能帮助我们对这种本能做出干预，同时发现大脑将"少"解读为"多"的真相。

即刻回报式环境：走出棉花糖实验

每天清晨醒来，我们的祖先都要面对一系列两难抉择：**我今天是离开安全的洞穴比较好，还是在家里待着比较好？我今天是去打猎比较好，还是饿着撑过去比较好？**他们有充足的时间根据身处的环境来处理这些选择，并最终得出合理的结论。我们的祖先生活在所谓的"即刻回报式环境"之中，他们不时做出的选择，以十分容易衡量的方式对生存与面临的压力产生即时的影响。

  我饿了→我会吃掉这块肉
  我渴了→我会去找水
  我觉得很冷→我会去找一些东西遮蔽身体

  在高度不可预测并且选择有限的环境中，做出即刻回报式选择是很有意义的。诸如寻找食物和遮蔽物这样的行为，会立刻得到积极或消极反馈的强化。

  我饿了→我会吃掉这块肉→我不再觉得饿了
  或者
  我饿了→我会吃掉这块肉→我觉得不舒服→我不会再吃这种放了很长时间的肉了→我还是去捕猎新鲜食物比较好

  在祖先身处的即刻回报式环境中，我们得到的就是即刻到来的反馈。在做出决定的那一刻，我们就能通过反馈知道它是好是坏。我们完全活在当下，在完全不可预知的环境中，这是一种很有利的本能。如果一切事物都有可能发生变化，或者根本不能确定自己未来还在不在，那又有什么看得长远的必要呢？

  科学证据表明，在青少年会经历高度不确定性与过早死亡风险的环境里，上述进化框架正是青少年怀孕率偏高的起因。麦克马斯特大学的研究者马戈·威尔逊（Margo Wilson）和马丁·戴利阐述了一个现象：在1988年到1993年这个时间段内，芝加哥各个社区的谋杀率差异巨大，某些社区的谋杀率甚至比其他社区高100倍。而威尔逊与戴利的研究发现，谋杀率较高的社区，女性怀孕的年龄就较小，这或许是因为她们对自己的未来和日后拥有繁殖机会的可能性都不抱很高的期望。

"棉花糖实验"是斯坦福大学在20世纪70年代进行的一系列十分有名的实验，它研究的是儿童克服做出冲动的即刻回报式决定的本能的能力。研究人员给3到5岁的幼儿被试者一块棉花糖，并且告诉他们，如果不吃掉这块棉花糖，就能得到两块棉花糖或者饼干条（取决于孩子们的喜好）作为奖赏。接下来，研究人员会离开房间一段时间（每位被试者时长不等，最长15分钟）再返回，能够将吃掉糖果的满足延迟的孩子，就会得到双倍食物的奖赏。研究结果显示，只有一小部分孩子会在实验人员走后立刻吃掉棉花糖。而这些选择立刻获得满足的孩子和能够延迟满足的孩子的主要区别，就在于他们**对环境稳定性的感知**。

在那些对未来不抱太高期望、社会经济地位较低，或者对他人的信任度较低（这些因素都暗示了他们感知到的环境稳定性较低）的孩子当中，研究人员走后立刻吃下棉花糖的人数明显比不吃的多很多。他们似乎无法期盼确实会得到奖赏的未来，于是就直接吃掉了眼前的棉花糖。这些孩子的即刻回报式决定或许是下述情况：

房间里有一块我可以吃掉的棉花糖→我可能再也没机会吃这

块棉花糖了→那我现在就要吃掉它

如果生活没有很多保障，那对此刻之外的未来进行投资就会有风险。上文所述的孩子，完全凭借即刻回报式环境下的思维方式行事。也就是说，他们的生存本能起到了主导作用。

2011年，棉花糖实验的后续随访发现，当年那些可以让满足延迟的被试者的前额皮层，要比选择立刻满足的被试者活跃——已经过了40年！这表明，能够延迟满足的被试者的认知能力超越了其生存本能。后续实验还发现，能够推迟奖赏的被试者获得了更高的高考分数、更健康的身体质量指数，以及更长的预期寿命。

既然我们有能力在真正相信奖赏必定（在短时间内）到来的情况下克服生存本能反应，那么当获取成功成了一件需要长期坚持的事情时，大脑为什么会不断阻挠我们为之付出努力呢？首先，即刻实现的满足感觉实在是太好了。那相当于给大脑来了一记多巴胺的冲击。而做出决定和获得奖赏相隔的时间越长，我们的大脑就越难在当下为了日后获得更好的结果而做出"正确"的选择。

不妨回想一下你上一次尝试减重食谱的情形。在最开始，你或许还能非常投入，但你的热情很快就开始消退。而到了第三天，你还没能得到即刻回报，比如上秤发现数字减少，或者你发现腰带系着依然没变宽松，那么这段时间对于延迟满足的反馈而言就变得太长了。于是你就会开始找理由：干吗不吃那个百吉饼？反正我吃不吃都没什么区别。或者：我一直存着这笔钱，留着用它上大学、换工作、买房子。可是现在这笔钱不就在那里吗！也许我应该拿它去买一辆车？或者去旅游一次？

你的选择和你所处环境的可预测性是紧密相关的。如果能得到可靠消息，知道把现在的奖赏推迟会带来更好的回报，大多数人都能很好地超越自己大脑基于生存的寻求即刻满足的思维方式。不过，还有一个因素会阻挠我们延迟满足：倘若选择的范围扩大，我们也会难以战胜那执着于生存、追求即刻满足的大脑。

请想象一下，假如我给你一块布朗尼蛋糕作甜点，你应该会礼貌地谢绝。但是如果我接下来请你去吃自助餐，那里当然有布朗尼蛋糕，而且还有各种派、饼干、蛋糕、糖果和冰激凌，那么现在你就更有可能彻底沉浸于享受甜点的乐趣之中，你甚至会给自己找些听起来很正当的理由，比如你选择的饼干至少比我给你的布朗尼要健康一点。不能抗拒甜点的诱惑并不是你个人的失败，而是因为我们的大脑本就不是为应付延迟反馈决定而生的。对一件事明确说出"行"或者"不行"已经够艰难了，何况一旦选择得到扩展，你要拒绝的就不仅仅是一份甜点（或者一位伴侣、一份工作等任何选择类别下的一样东西），而是这个类别下的每一个选项。让我们再次回到上文中提到过的例子，看看我们的祖先在选择有限且高度不可预测的环境中是怎么做的：

我饿了→我会吃掉这块肉→我不再觉得饿了
或者
我饿了→我会吃掉这块肉→我觉得不舒服→我不会再吃这种放了很长时间的肉了→我还是去捕猎新鲜食物比较好

我们的祖先在他们生活的环境中很容易就能做出决定，一部分原因在于当时的选择非常有限。不妨设想一下，如果上述场景中出现一桌肉食自助餐又会是怎样的情形。如果你吃了某种肉感觉恶心要怎么办？你还会再次冒险尝试这种肉还是去打猎？还是干脆去尝试另一种肉？如果所有肉都让你感觉不舒服该怎么办？浆果让你不舒服又该怎么办？如果你可以从弓箭、枪械、陷阱、毒药或者弩箭之中随便选武器去打猎，而即便有得有失，你还是能凭借武器的火力猎到大型猎物，你又会如何选择？一旦增加了选项，做决定就立刻变得十分复杂了，而原因相当简单——因为多样性本身就是一种即刻回报式的愉悦体验。换句话说，我们的大脑渴望多样性！

当代社会的选择

多样性本能对我们的祖先而言是一件好事。因为他们需要这种本能来确保自己没有"把所有鸡蛋都放在一个篮子里"（这一点对于繁衍后代格外重要），并且获得最优饮食来保证所有营养需求都得到了满足。由于选择的数量实在不值一提，加之又身处即刻回报式的环境之中，所以当选择增多时，我们的祖先便能从中获益，并很快由此了解到多样性往往能带来积极的结果。

然而，我们祖先那物资稀缺的生活环境与如今繁华的大都市没有任何相似之处，在那里可不可能转个弯就找得到有上百种食物选择的快餐店，也不可能随手在手机应用程序上划一划就能找到潜在的伴侣，更不会出现工作中的决定都始于确定哪些项目需要立刻关注、哪些项目可以不优先解决。在如今这个选择似乎无穷无尽的世界里——其中很多选择的反馈还有明显的延迟——我们突然就需要面对真正的挑战了。

实际上，人类每天平均要做出大约 35,000 次选择。想想你每天清晨醒来就有多少选择要做吧：要不要按下手机闹钟的"稍后提醒"按钮？要不要锻炼一下？是吃燕麦片还是膨化麦圈？煎几个鸡蛋？加不加奶酪？加哪种奶酪？配橄榄油还是牛油果？还是来点黄油比较好？咖啡里加脱脂奶还是杏仁奶？

康奈尔大学的一项研究发现，单纯在食物这一个问题上，我们每天就要做出 227 个决定，而我们的本能完全没起到好作用。还记得你特别想吃冰激凌的时候吗？一旦你摆脱了"要选哪个口味"这一困境，终于尝到了那冰凉又浓郁的甜美滋味那一刻真是妙不可言！但是把整个冰激凌吃完之后，你又很有可能感觉自己也不怎么喜欢那个口味了。这是因为，我们天生就具有"感觉特异性饱腹感"这种机制，它促使我们"从一种营养物质走向下一种"，让我们说出："这个我吃够了——下一道菜是什么？"

这一机制对我们的祖先是十分有用的，因为这能保证他们去吃各种各样的食物，而不会只靠吃蓝莓活命。但是放在今天又会怎么样呢？毕竟如今吃完一份香草冰激凌之后，我们可以直接再来一份巧克力的，或者尝尝焦糖口味，哦，也许来份薯条也不错！

我们对多样性的本能实在是太强烈了，研究人员发现，如果存在多种选择，人类就会倾向于吃下4倍的食物。这些选择甚至不需要在味道上有所区别，不同形状的意大利面就能推动我们吃得更多，因为这样我们的上腭也能享受到各种不同的质感！

我们对多样性的本能并不仅限于食物方面。在工作中需要处理的各种选择、选项，以及似乎无穷无尽的任务，最终会让我们难以做出最好的选择——甚至连做出选择本身都很难！

有多少次，你坐在办公桌旁，时间已经过去一个小时了，手头的清单上列了20个今日待办事项，但是这个早晨最初的一个小时完全浪费在拖延和无法做出决定的僵局之中。你不知道应该从哪项任务开始，所以你也就一直没能开始。

尝试同时完成多项任务同样会带来灾难性的结果。我们试图同时处理待办事项里的每一项，同时还要应对不断弹出的邮件中的各种需求，就这样在不同的任务之间来回横跳，想要把每一件事都处理妥当。但"多重任务处理"只不过是个神话。麻省理工学院的神经科学家厄尔·K.米勒就直言不讳地表示："人类是不可能实现多重任务处理的。"尝试同时执行多项任务的时候，我们会犯更多的错误，变得更缺乏创造力，我们的生产力也会下降。人类无法像机器一样工作，我们的认知带宽是有限的。虽然我们总是很想相信自己可以承担一切，但有时还是建立起一些限制比较好。

其实，当前领先的研究也表明，建立限制——比如制定预算或者设定截止期限——确实可以提高我们的创造力，增加我们为解决问题或开发设计产品提出的方案数量。对可能性进行限制有助于让我们的大脑集中注意力，并且会提升创造力。与其让你的认知带宽被看似无穷无尽的各种日常任务消耗殆尽，不如为特定的活动、网络研究和头脑风暴按下定时器，主动在工作中建立限制。

在我们祖先生活的环境中，拥有选择这件事本身就绝对是一个积极的选项。拥有选择本身就代表着一定程度的富足和可预测性。也许这正是为什么我们在新型冠状病毒肺炎疫情初期，看到超市的货架上没有手纸或面粉这样的必需品就会陷入恐慌——因为这标志着我们眼中一向稳固且确定的环境中出现了动荡。但反常的是，在非疫情条件下，当代背景下的更多选择有时反而会带来焦虑而非幸福的心态。英语中的"decide"（决定）与"homicide"（杀人）源自同一个拉丁语词根"caedō"，它所包含的"杀死"和"砍掉机会"的双重含义，对于人类来说都是十分痛苦的折磨。然而，即便对不能做出正确决定的恐惧总是让我们根本做不出决定，我们还是讨厌对机会进行缩减。在这种思路下，机会本身也成了一种权衡。一个决定的积极效果同时也会转化为没有选中另一个选项的成本。我们的多样性本能是无限的，而我们管理自己渴求的多样性的能力是有限的。如果面对着太多的选择，我们往往最终会彻底避免做出决定。

而更糟糕的是，如果我们在选择众多的情况下确实做出了决定，那种感觉也不会非常令人满意。在一项哥伦比亚大学和斯坦福大学共同进行的研究中，研究人员发现，面对24到30种选择的被试者对最终选择的满意度，比只需要面对6种选择的被试者低很多。

对做错选择的恐惧，可以归结为一个简单的数学公式：如果只给我们两个选项，那么我们就有50%的概率选出"正确"的那个。如果两个选项都可能产生一些积极的结果，又或者它们能带来同等的机会，那么我们选"对"的可能性甚至会高于50%。但是一旦选择的范围扩大到20个选项，那选出"正确"的那个的概率就瞬间降到了5%。虽然这个数学公式不是一个完美的等式，但我们的大脑会把它当成一个完美等式来对待。我们会关注那些失去的机会，而不是安然享受自己已经做出的选择，从而处于一种永远不能满足的状态，使得我们不断追求下一个亮闪闪的新玩意的原始冲动变本加厉。

一旦你陷入不断寻觅更好条件的享乐主义循环，你面对的实际上就是一种被称为"富足悖论"（abundance paradox）的必败处境。在现代世界中，只要获得更好的工作、家或伴侣的机会就在唾手可得之处，我们就会陷入不快乐。

我就是无法满足：富足悖论

一份盖洛普调查报告显示，一大半（52.3%）的美国人在工作中都会感觉不快乐。针对工作幸福感的调研还有很多，但不幸的是，这些调查的结果看起来也是一样严峻。根据世界大企业联合会内部调查的结果，我们在工作中的满意度仅在1987年达到峰值（61.1%），此后就似乎一直在相对稳定地下滑。那么，换个工作会让人满意一些吗？那除非我们能让渴求多样性的大脑相信有更多的选择不等于有更好的选择。实际上，我们中有很多人都在不停地追求新的工作、更好的汽车、更迷人的伴侣——这一切都是为了寻找多样性。

想一想我们对收集的执迷,虽然科学一再表明拥有太多所有物的人往往会感觉不堪重负或者抑郁,但我们仍然以史无前例的高速率进行着购买与消费。对于我们的祖先而言,拥有多种多样的物品是地位与力量的体现,同时也传达了一定程度的安全性与稳定性。就像能够抵挡住当场吃掉棉花糖这一诱惑的孩子展现了面对富足时更为健康的心态一样,能够收集一系列事物并贮藏它们的祖先,也表现出了超越即刻回报式环境的能力。不过话说回来,与当前生活的这个消费世界相比,我们祖先的生存环境物资要匮乏得多。从祖先的角度来看,收藏并炫耀财富的本能,会让能够拥有大量物资的人受益匪浅。

然而,这个本能在今天却迎来了相当讽刺的反转。我们的书柜里塞满了近藤麻理惠讲整理收纳的新书,但是没有多少人会真正去掌握书里那些高明的建议。我们喜欢简约这个概念,渴求多样性的本能却会全力抗拒放手的冲动。

多样性本能脱离既定轨道的另一个例子是,对于能够理解富足悖论支配下的婚配制度的人们来说,50%的婚姻都以离婚收场算不上什么惊人的事实。真正令人震惊的情况其实是竟然有50%的婚姻得以成功延续!鉴于(西方现行的)婚姻制度直到14世纪才普及开来,它对我们来自石器时代的大脑而言依然是个比较新的概念,而我们的大脑还是在按照交配机会严重受限下的模式运行的。

"柯立芝效应"来自一起著名的事件。当时柯立芝总统和夫人在同一天分别参观了同一家养鸡场。柯立芝夫人留意到一只公鸡追求母鸡时表现出的活力与热情,据说她告诉导览员,接待柯立芝先生的时候一定要向他指出这一点。当天下午,导览员向柯立芝总统转述了这段对话,而总统答道:"告诉柯立芝太太,那是因为它眼前的母鸡不止一只。"这一效应的重点在于:雄性尤其易受多样性本能的驱使(虽然雌性也会受驱使)寻求在当前伴侣之外的交配机会。女性即便和一百名男性交配,一般来说也只生育一个子女。而男性和一百名女性交配就有可能带来一百个后代。我们的生理机制也证实了这种回报:大量的研究表明,在拥有额外交配对象的情况下,男性的射精量、精子活力和使卵子受孕的可能性都会增加。

雄性寻求配偶多样性的倾向算是广为人知的,但是我们祖先中的女性这么做又有什么好处呢?父系混乱一度是女性用来从多个男性那里获得资源与合作机会的策略。没有现代的亲子鉴定工具,男性确定孩子是否为自己亲生的唯一的依据就是有没有与孩子的母亲交配过。利用父系混乱策略,女性可以让多名男性愿意向她的后代投资。如果一个男人不能确定某个孩子是否为自己亲生,考虑到帮助的可能是自己基因的后代,他也更倾向于为这个孩子提供保护和其他资源。

所以,在祖先生活的环境中,对性的多样性偏好于两种性别都有利。但是如今,我们生活的这个世界有超过80亿人口,更有着近乎无限的择偶选择与接近方式。一些约会应用程序甚至会鼓吹说他们的会员每秒滑动屏幕超过16,000次！这惊人的选择数量会给我们的大脑带来过度的刺激。如果我们最终能够在这样的网站上选择一位伴侣来"配对"，通常也不会排除掉其他选项。这种程度的选择能够减轻我们可能面对的源自"损失厌恶"（译注：指人们面对同样数量的收益和损失时，认为损失更加令他们难以忍受）的痛苦。但是，就这么"敞着大门"（让其他人也能进来）的话，我们便不会对选中的对象进行完全的投入了。

永远有更多的配对，永远可以右滑查看下一个，这个潜在伴侣池可以说完全是个无底洞。富足实在是太容易让人陷入享乐主义倾向，从而不断去追求更好的——或者至少是不一样的事物。我们会错误地相信下一个就是我们的救赎，相信下一个一定是更好的：下一份工作、下一个项目、下一位伴侣一定会给我们带来真正的幸福。然而，这也只不过是来自石器时代的大脑引导着我们遵从过时的本能行事而已。

为什么最优，成功的概率却最小

已故的行为经济学家赫伯特·西蒙将我们认定下一个很有可能更好的倾向描述为"追求最优"。追求最优的人总是考虑还有什么选择可能更好，或者还有什么选择可能让他们更快乐。

对最优的追求者而言，"足够好"的参考点是随时在变化的。在看似可以不断"右滑显示下一个"的语境下，重要的第一位约会对象，可能突然看起来就没有下一次配对那么令人满意了。目前这份工作头两周感觉还很棒，现在就只是一般般，而很快我们可能又要刷起招聘网站，想要找到真正足够令人满意的好工作了。我们遇到的每一种选择都会改变"足够好"的参考点。我们做的选择越多，这个参考点的变化就越多，最终我们会发现自己在一次次"右滑"中，把自己的生产力和健康直接滑进了垃圾桶。

在十几岁的时候，我曾纠结于要申请哪一所大学。当时我会花上好几个小时浏览世界各地规模不等的各色学府的介绍，每一所学校都提供各不相同的机会和特色，因此都表现出独特的吸引力。我申报的学校太多，但是研究探索的时间又不够，而关于哪个选择更好更是无从了解。不过我的祖母对我说了一句非常明智的话："别让选择成为你的负担。"

我猜祖母自己都没意识到她对这一情况的简单看法是多么有力。我的参考点一直在随着每一个潜在的机会出现发生着变化。我刚接受了一所大学的理念，就开始把注意力从那所大学移开，转而去想其他选项和我如何做出更好的选择，而不是审视自己已经做出的选择中的积极因素。我试图让自己的行为最优化，可这样只会一无所获。

祖母的话中蕴藏的也是赫伯特·西蒙和诸如巴里·施瓦茨等现代行为经济学家所支持的观点，即人们成为满足者（satisficer）而非最优化追求者（maximizer）才会更加快乐。满足者不会花太多时间担忧自己可能做出的选择或者其他备选项，而是拥有一套"足够好"的标准。需要做出决定时，他们会接受一个符合标准的选择，而不需要为找到一个绝对的"完美"选项而痛苦不堪。

满足者的决策基于的是他们对可接受结果的了解，因而他们的参考点也不会随着每个新选项的出现发生改变。某个选项要么因为符合阈值标准被选中，要么就因为不符合被直接废弃。那么，十几岁的我对各个大学有什么了解呢？我分明知道很多！我只不过没有建立正确的参考而已。我一直在试着基于外部因素（比如大学的名声、朋友们要上哪所学校、父母会接受哪所学校）进行评估，而没有问问自己是不是对所做选择感到满意。哪些因素对我而言是真正重要的？这所大学是不是能满足我的需求？这些需求具体又是什么？我必须把它们明确地列出来。这样一来，如果有一所学校能够满足清单上的每一个条件，它就肯定是一个绝佳的选项了，并且完全独立于其他潜在的绝佳选择。纠结于无数的"如果"，不会给我带来任何进展。而试图对选择进行最优化的做法，也意味着不管我最终选择了哪一所学校，回忆起来都会不可避免地感觉后悔和失望。

搞明白何时才算亲吻了足够多的青蛙

德摩特·杰文斯（Dermot Jevens）博士是南卡罗来纳州的一位兽医外科专家，也是荣获国家级奖项的北部兽医专家诊所（Upstate Veterinary Specialists）的创始人。杰文斯博士如此描述自己"满足即可"的招聘哲学："我会提前对自己寻找的就业资质做出清晰的定义。一旦有个候选人明确地符合这些条件，我就会雇用这个人。我不需要也不想为了什么'以防万一'再去面试其他三个候选人。有时候，你是不得不去亲吻好几只青蛙碰运气，但也有可能你亲的第一只青蛙就能变成王子或者公主，认识到这一点很重要。"（必须坦白，我是他这种哲学的超级粉丝，这其中也有生意之外的原因。在飞机上与杰文斯博士相遇之后，我和他很快就一致认定，没有必要再去到处寻觅伴侣了。此后我们一直幸福地在一起。）

请想一想你上一次去高档餐厅吃饭的情形，你拿着菜单时是不是特别纠结？说到底你也不过是想保证自己能好好吃一顿而已——你想把这个机会最优化。那么，你对自己的选择完全满意吗？还是因为比较而分了心，忍不住想着也许一起吃饭的其他人点的那道菜可能更好？最优化追求者会利用自身的相对位置来评估自己决定的价值和代价，这往往让他们陷入一场难以令人满意的持续追逐。而这个主题还有很多不同的变体：

"不知道现在还有什么可选的。"

"没错，这个产品在亚马逊上的好评率有91%，不过《消费者报告》上的评价又如何呢？"

"你确定要去这家中餐厅吃吗？Yelp（编注：美国最大点评网站）上说城区另一头那家的炸馄饨更好。"

如果这些都很像是你平常爱说的话，那你可能也有些追求最优化的倾向。不过别担心，这也没有什么问题。只是在这个多样性不断增强的世界里，对每一个选项进行研究来选出终极最佳明显不现实。随着选项的急速增多，我们会感觉一定存在一个完美的选择。这种感受会抬高你的期望值，并最终导致你不论做出什么决定都有很大概率会感觉失望。

人们或许会以为，做个"满足者"势必会导向妥协或平凡的生活，然而现实情况恰恰相反。斯沃斯莫尔学院和宾夕法尼亚大学的研究人员共同建立了一个量表，来分别评估最优化倾向与满足即可倾向与幸福感的关联。研究结果表明，呈现出满足即可倾向的被试者，其生活满意度、幸福感、乐观心态和自尊感水平明显高于追求最优化的被试者，同时悔恨与抑郁情绪更少。

另一项发表在《心理科学》期刊上的研究发现，在新近从大学毕业的应届生中，在最优化倾向上得分高的学生选择和接受的工作收入，比满足即可倾向上得分高的学生平均高20%。然而，这些最优化追求者虽然收入更高，对自己新角色的满意度却更低。这是为什么呢？因为最优化追求者更依赖外部标准来确定"最优"的选择。

但是，"最优"究竟意味着什么呢？又是由谁来决定的？"最好"和"最优"都是可以随着新视角的产生而转变的并不精确的衡量标准。如果没有把每一个选项都拿来比对，又怎么能知道自己拥有的就是最好的？你肯定不会知道，而且坦率地讲，你也不可能知道。

我们的多样性本能总是在不知不觉中让我们相信，总有更好的东西存在，总有更好的条件可供追求。我并不认为长期坚守着一家餐馆、一份职业或者一位生活伴侣对每个人而言都是唯一或最好的选择，但很清楚的一点是，我们必须认识到多样性本能对自己的影响，这样才能保证这种强大的原始指令不会将我们引向对职业和个人生活的不满。

不再受困于错失恐惧症

针对富足悖论的解药实际上惊人地简单：**渴望你已经拥有的。**

我们已经开始明白，"足够好"实际上已经很棒了。不妨把上文那服"解药"广泛地应用到你的生活中，不论你遇到的是"晚饭吃什么"这样的平凡日常选择，还是与职业、婚姻相关的重大抉择。面对众多选择时，你可以考虑遵循以下三个步骤，从而保证自己能像个"满足者"一样行事：

1. **制定一份详细的达到你接受阈值的标准列表**。这并不是什么外界的衡量标准用来衡量什么能让你赚更多钱，什么能给你带来更高的地位，什么选择对你来说是最好的。它明确地列出了"正确"抉择需要满足哪些标准能让你感觉"满意"。

比如杰文斯博士准备为诊所的空缺职位面试求职者之前，会准备一份包含他需要的所有资质的清单：（1）求职者拥有正确且最新的执照和就业资质。（2）求职者理解并符合诊所的使命与核心价值观。（3）求职者能举出一些自己解决与客户之间的困难状况的实例。（4）求职者看重正直与诚信。

不论你需要什么资质，都应该把它们写下来，并且花上足够的时间来确保你写下了对这一选择感觉良好所需的全部内容。再问问自己:"达到这些标准会让我感觉满意吗?"而不是"我最好只能做到这样吗?"

2. 让你的决定无法逆转。 研究表明,如果购买的东西无法退款,我们也就更不容易对这次购物感到后悔。

实际上,我们在这种情况下会展现出一种"支持选择偏误"(又名"购后合理化")的心态。在"支持选择偏误"之下,我们会对自己选中物品的积极特征进行夸大,同时放大没选中的东西的缺陷。在这里,我希望各位读者对自己的选择押上所有的筹码,并为此设定一个时间范围。比如在你认定自己需要一份新工作、一位新伴侣或者一个新家之前,先试着在30天的时间里把所有筹码都投入自己已经拥有的东西之中。一旦建立起这种为期30天的练习,就相当于给了自己的大脑一个机会,让它意识到从现实的角度讲,你根本不会和每一个潜在的伴侣交往,也不可能每隔一个月就能换上一份更好的工作。

设想一下,如果当前的工作、感情或者居住的家都让你非常满意,你会做些什么呢?也许你会早早出现在公司,或者你会带着最爱的花去上班。如果对现在的家非常满意,你或许会欣赏着房间,并动手把它们变得更特别?努力做到这些事,把它们安排在你每天的日程之中:第一天:带妻子出去吃晚餐。第二天:在中午12点发一条短信赞美她。第三天:把她一直抱怨说会嘎吱作响的那条门铰链修好。

拉比·海曼·萨哈特(Rabbi Hyman Schachtel)在1954年说

过:"幸福不是拥有你想要的,而是想要你拥有的。"从哲学家到乡村音乐传奇人物加斯·布鲁克斯,这个观点得到了广泛的呼应。对自己拥有的东西倾注全部注意力和筹码,就好像这是你唯一的选择一样,很快,那些看起来十分诱人的选项就会展露瑕疵了。

3. **重复**。多样性或许是生命的调味品,但是多样性本能也会让我们过度沉浸在各种香味之中,从而记不起自己原本选择的自然风味。我们必须不断地重塑自己对已经拥有的事物的渴求,就好像它们是我们唯一的选择一样。这能帮助我们控制失控的本能。

"五兄弟"的全力押注

上述方法的一个绝佳案例就是大获成功的汉堡连锁店"五兄弟"。由杰瑞和詹妮·默雷尔夫妇在1986年创立的"五兄弟"走在了潮流之前,在菜单为了迎合我们追求多样性的本能不断扩大的时代,"五兄弟"却牢牢坚守着极简主义的风格。默雷尔夫妇本着一些基本原则创建了这家公司,他们对成功衡量标准的认识也非常清晰。在最近的一次《福布斯》访谈中,五个儿子(店名中的"五兄弟",他们全都参与了企业的运营)的父亲杰瑞表示:"我们只做对了一件事,那就是坚持自己的立场。"他们的基本原则包括:不做外卖、不打广告、不用复杂的菜单、不用也不卖冷冻产品。这些都是没有谈判余地的商业决策,而默雷尔一家为此押上了自己的全部筹码。

尽管顾客们一直在表达想要奶昔的愿望，默雷尔一家还是拒绝了，因为"不用也不卖冷冻产品"。尽管五角大楼希望他们能外送一些汉堡来为美国最为优秀明智的国防工作者果腹，他们却还是坚守着"不做外卖"的原则。几年前，员工们想出了赠送新当选的总统奥巴马一件"五兄弟"T恤的点子，这种即时反馈可能会带来海量的免费宣传，但是杰瑞·默雷尔还是回归了他的决策标准：不打广告。"五兄弟"会一直坚守自己的原则，只依赖顾客的口碑宣传。（值得一提的是，奥巴马很快就亲自造访了"五兄弟"，并在无数摄像机与媒体面前吃了一份经典款汉堡。）

默雷尔夫妇对抗富足悖论的努力最终造就了公司的成功：在大型快餐连锁排行榜上位居榜首，在查格调查（Zagat）2011年的快餐调查中被选为"最佳汉堡"，还在2016年"英国市场力量调研"中获得"汉堡、牛排、鸡肉与烧烤"门类的第一名，业绩增长高达32.8%。

"少"很有可能的确是"多"。

下一次，当你感觉到多样性本能扯着你的袖口，催促着你去寻找更好的条件与食物，催促着你想要多一点、更多一点、再多一点时，请千万不要忘记，你能够凭借一片简简单单的牛肉饼或者四个颜色的乐高积木成就多少了不起的东西。不要再把每一只青蛙都亲吻一遍了，你寻找的"王子"——可能是一位伴侣、一份理想的工作、一段完美的生活，又或者仅仅是一只汉堡——可能就在你的眼前。

关键点

- 重新审视"多就是好"的观点。
- 通过建立限制条件和规定截止日期来限制或削减你的选择。
- 要认识到我们并不总生活在一个即刻回报式环境中。要有延迟满足,晚些时候获取更好反馈的意愿。
- 在当下做出"正确"的选择,以便日后获得更好的回报。
- 渴望已经拥有的东西。
- 确定自己的接受阈值,除非真的需要,否则不要亲吻更多的青蛙!
- 全力下注,让自己的选择变得不可逆转。

第四章

自欺：我知道你是谁，但我又是谁？

在两重分离的意识之间

从20世纪40年代开始到20世纪70年代早期，医生们在一小部分罹患严重癫痫的病人身上试验了一种复杂且堪称最后一搏的医疗程序，那就是胼胝体切开术。在大约10小时的手术中，医生们会仔细地将病人的胼胝体切开，胼胝体是连接大脑左右半球的结构，所以此举会将大脑新皮质（掌管语言、运动控制和有意识的思维的区域）左右两边分离。这种风险极高的手术能够抑制癫痫的发作，让患者重获新生。但它有一项严重的副作用：术后患者的脑中会同时存在两重意识，因为每个脑半球现在都在独立于彼此地工作。

神经科学研究者迈克尔·加扎尼加和罗杰·斯佩里发现，向术后患者某一侧大脑展示的文字、物品或画面并不会被另一侧大脑所留意到。我们知道，左脑主要掌控右半边身体，右脑主要掌控左半边身体。但是在著名的"裂脑人实验"中，加扎尼加和斯佩里确认了左右脑还各自有着独特的功能。比如，左脑掌控着应用语言的能力，虽然右脑能理解输入的信息，"裂脑人"患者却无法把只通过右脑看到或听到的内容转化成语言表达出来。

实验中，加扎尼加和斯佩里将某个信息只告知病人的右脑，比如请他们起来走两步（在这种情况下，他们会只向病人的左眼展示一张写有"起身行走"指令的卡片），而病人的左脑会为他们为何突然起身行走找个合适的理由。别忘了，这些病人的左脑是根本没有看到写有行走指令的卡片的，所以当被问道"你为什么走起来了？"的时候，符合逻辑的回答更有可能是"我也不知道"。然而结果与此恰恰相反，受试的病人都会为自己方才的行为提供理由，比如"我就是起来活动一下腿脚"，或者"我渴了，到那边去拿个可乐喝"。

这些被试者说的是实话吗？他们真的感觉口渴吗？还是他们只不过是通过谎言为左脑无法理解的行为找理由？如果被试患者的左脑看到了行走的指令，然后它又编造了一个自己感到口渴的谎言，这就是刻意撒谎了。然而他们的左脑完全没有看到指令，那么感觉口渴的说法还能算谎言吗？这些"裂脑人"会不断信心满满地用虚假的答案回答实验人员的提问，而不会直接表示"我不知道"。他们并没有意识到自己在撒谎，只不过是为了给自己的行为寻找理由而已。

虽然这听起来荒诞得像是科幻小说里的情节，然而实际上我们每个人都一直做着同样的事情。我们经常根据潜意识引导的动机来采取行动，然后再有意识地为自己方才的行为做出辩解。

神经科学家本杰明·李贝特在20世纪80年代早期首次揭示了这种强大的潜意识"选择"，此后更有数十位研究者重复着他的工作。李贝特把被试者连接到测量大脑中电磁活动的脑电图机上，然后要求他们按自己意愿做一个简单的手势。根据脑电波活动显示，李贝特观察到，从人们有意识地决定移动手指到手做出动作，大概用了200毫秒，但潜意识中做出"移动手指"这一决定，比有意识的决定还早350毫秒。换句话说，潜意识首先做出决定，把这个意图告知显意识，而在潜意识脑电波所显示的潜意识产生意图的550毫秒之后，这个动作才会被执行。可见，远在我们意识到之前，潜意识就为我们做好了几乎所有的选择。

20年后，在利用功能性磁共振成像（fMRI）更准确地监测大脑活动的情况下，马克斯·普朗克人类认知和大脑科学研究所也进行了一次类似的实验。研究者要求被试者以自己的节奏按下一个按钮，要使用左手还是右手也由被试者自己决定，他们同时还被要求记下自己决定按下按钮的时间。一个惊人的发现是，研究人员通过研究某个被试者的大脑活动，准确地预测到他会使用哪只手，而这个预判比被试者意识到自己的决定要早上整整7秒钟！

只有在潜意识决定这样做之后，显意识才会"决定"按下按钮。我们像"裂脑人"一样编造理由来为我们的行为辩护，却完全没有意识到其后潜在的动机——我们潜意识的暗示。

欺骗的意图

不论大脑的两个半球是否还连在一起，在没有深入且充分地理解自己为何从事某些行为的前提下为这些行为进行辩护，是人类普遍存在的本能。换言之，作为人类的我们天生会撒谎与自欺。

这听起来似乎有悖于我们原始的生存目标。明确地知道自己的立场难道不是最重要的吗？

不过设想一下，如果我们的祖先对自己相对有限的能力有着完全且充分的认知（我会生火，也能繁衍，但我是个糟糕的猎手，也不是很有能力保护自己的家庭），再考虑一下他们还要在种种沉重负担（猛虎、毒蛇、严冬、狡诈的邻居）之下维持每日生存呢？这绝对不是什么能激励着人们欢欣雀跃地跑出洞穴，笑对每日挑战的激动人心的场景。

大自然是一头残酷的猛兽，她的暴虐永无止息。仔细想来，你本人就是一个奇迹，一个在统计学上近乎荒谬到不可能发生的奇迹。你如今能够存在，完全是因为在几十万年的时间里，你的祖先一直在高估自己的技巧、能力、智慧与美貌，从而让自己得以克服挑战继续前行。

你可能以为你对自己的行为和能力有着相当准确的判断，但也有可能你只是个优秀的骗子（即便这些谎言都是无意的）。正是相信自己比当前的状态更好的想法，赋予你真正变得更好的优势——就像它给了我们的祖先在挑战恐怖的生存概率方面的优势一样。

诚如经济学家罗宾·汉森阐释的那样，我们的显意识并不是首席执行官，而不过是一个并不完全知晓行为背后深层原因的新闻秘书。因为说到底，深层原因会让我们更难令人信服地解释我们的行为，实现我们大脑所渴求的和谐。我们的意识会积极地避开那些可能妨碍它编造理由的证据。请你考虑以下几个问题：

你会自愿做出不道德的选择吗？
你是否认为主动违反法律是不道德的？
你认为自己是不道德的人吗？
在过去的几周里，你有没有在高速公路上开过车？
你当时有没有超速？

如果你和绝大多数人一样，那你的答案应该也是主动违反法律当然不道德，而作为一个有道德的人，你是绝对不会这么做的。然而，假如你突然意识到自己又的确开得比高速公路的限速快了那么一点点（或者还不止一点点），你就很有可能为自己这个不道德的行为找理由说："大家都有可能偶尔稍微超速。"（此处应该有家长语重心长的声音，说别人都会从桥上跳下去可不代表着你也应该跟着跳。）

对我们的祖先而言，对煞有介事编造叙述和理由的偏爱，在很多方面都是十分有益的工具。在我们祖先生活的极端社会背景下，撒谎让他们得以将那些目标与自己不同的人为己所用。打个比方说，假如我能说服你相信我是部落里最好的猎人，那么我就有可能在交易中获得更好的回报，你甚至可能认为，与另外一位潜在对象相比，我会是更好的配偶，因为另外一位的狩猎技巧不如我好。而我还会为自己的谎言开脱，想着："从技术上讲，我的确是更能养家的吧？当然，那个猎物确实是我从约瑟夫那里偷的，不过既然他没发现，很明显还是我更适合养家。"

毫无疑问，欺瞒对我们的行为有着强大的塑造力量。如果我们能侥幸逃脱揭露，欺瞒就能为我们的生存带来巨大的好处，甚至还有可能增加我们交配的机会。然而，一旦我们的谎言被揭穿，并因此失去部落的信任或者被部落驱逐，那就有可能导致毁灭性乃至危及生命的后果。

不幸的是，在现代世界中，潜意识不一定总是会为我们做出最好的选择，而自欺的本能又拥有足以摧毁我们的情感关系与职业生涯的力量。我们的那些用于自欺的叙述和借口，大多是认知失调的产物，认知失调是由两种彼此不一致的事实同时存在而引发的紧张。而认知失调可能会造成严重的精神错乱。比如下面这种情况：

- 你知道吸烟非常危险，会导致肺癌。
- 你还是每天都要抽一包烟。

神经科学家发现，在这种失调状态下，大脑掌管理性的区域会关闭，只有通过有意识的辩护来解决并恢复和谐，让我们感受到情感上的快乐，这一区域才能恢复工作。例如在上文所述的场景中，你可能会用这样的想法来欺骗自己："吸烟的确很危险，会导致肺癌，我还每天都要抽一整包，但是我身体很健康，而且经常锻炼，所以我不会有危险的。"

一直有研究表明，我们会在外表的吸引力、胸襟、智商、领导力乃至驾驶技巧等方面高估自己的能力。自我欺骗甚至会对健康造成影响。众所周知，谎言是可以让我们的身体生病的！"研究发现，撒谎会增加面临癌症、超重、焦虑、抑郁、成瘾、赌博、工作满意度低下和人际关系恶化的风险。"东康涅狄格大学心理学教授迪尔德丽·李·菲茨杰拉德教授如是说。有意识地撒谎会损伤我们的身体和精神，但进化为我们创造了一种应变之法：先欺骗自己。

自我欺骗不仅能规避隐瞒真相带来的一些个人成本，而且如果我们真心相信自己是诚实的，也就更善于说服别人。科学史学家奥伦·哈曼对这一点做出了十分雄辩的解释："我们进化出了一种允许自我欺骗去做所有我们认为正确的事的脑结构。有时真相是值得隐瞒的，尤其是对我们自己隐瞒。"

在无意识中编织谎言，可以消除可能让他人找到破绽，从而意识到我们在骗人的证据。然而，阻碍我们认识自己身上某些危险真相常常会促使我们做出夸张戏谑的行为，比如那种典型的恐同白人男性，他们开着大号皮卡，满嘴脏话，是人们口中的"纯爷们"。然而事实上，有科学证据表明，他们这一类人尤其容易被同性恋色情影片唤起性欲。

有时这种欺骗实在过于深重，甚至会让被它所蒙骗的人付出巨大的代价。伊丽莎白·霍尔姆斯曾经是硅谷的宠儿，当时，作为一名19岁的斯坦福大学辍学生，她迅速赢得了大企业、世界领导人和媒体的信任，并且登上了《福布斯》《财富》《公司》等杂志的封面。霍尔姆斯信誓旦旦地要与自己颠覆性的初创公司——Theranos血液检测公司一起，向医疗健保行业进军。她宣称自己掌握了采集几滴血液就能进行上百项常见健康测试的技术，这为她的公司赢得了90亿美元的估值。唯一的问题是，这种技术只存在于伊丽莎白·霍尔姆斯的设想之中。她那市值90亿美元的公司完全是镜花水月的假象，它存在的根基就是彻头彻尾的谎言。但即便Theranos光鲜的表面开始逐渐崩塌，证券交易委员会对她的欺诈指控让她被处以50万美元的罚款，霍尔姆斯依然坚持着自己的说法，坚称她的技术是有效的，即便所有证据都与她所说的相反。

杜克大学心理学及行为经济学教授丹·艾瑞里（Dan Ariely）认为，这在一定程度上可能也是霍尔姆斯最开始获得巨大成功的原因。艾瑞里的研究表明，如果人们不断重复一个谎言，他们的大脑对这个谎言的反应就会变小。简而言之："我们开始相信自己的谎言了。"

需要澄清的一点是，自欺并不仅仅是防御工具。在远古时代，过度的自信为吸引盟友、伴侣与资源带来了一定的好处。单纯展露出信心（而不是描绘更加精确的画面）依然会建立起真正的信心。在困难环境中表现坚强的人，是大受欢迎的伴侣人选，而自欺的基因也因此持续不断地被选择。忘掉现实主义吧：我们的祖先越善于保护自己不受存在于现实中的困境影响，他们自己创造的安慰剂就越容易成为现实。

安慰剂的力量——有益的欺骗

"安慰剂效应"可能是最有名的自欺范例了,数十年来,这一效应一直吸引着科学家们对其进行研究。典型的安慰剂效应研究会让被试者服用一种完全没有生物效应的药丸(通常被称为"糖丸"),然后将服用后的结果与对照组和实验组的结果进行比对。生物学上没有效果的安慰剂往往和具有活跃生物相关性的药剂发挥出同样的效果,甚至可能效力更强。研究表明,安慰剂效应能够帮助人们减肥、降低血压、缓解疼痛、调节恶心,甚至让毛发重新生长。安慰剂效应实在是过于强大。2008年,一项发表于《英国医学期刊》(*British Medical Journal*)的研究发现,近半数的美国医生会经常给自己的病人开安慰剂。2013年发表于《公共科学图书馆:综合》(*PLOS One*)期刊的后续研究则表明,全科医生使用安慰剂的比例更高(高达97%),而这些医生中的大多数(77%)每周至少会开一次安慰剂。如果你感染了病毒,而医生给你开了抗生素——从科学的角度来讲,这种治疗方式并不能有效缓解病毒相关疾病——你拿到的其实就是安慰剂。虽然这免不了让人质疑医生的职业道德,可是如果结果是积极的,也就没什么可抱怨的了。大脑会相信我们自己编出来的故事,哪怕这故事与我们服用的药物有关。

值得庆幸的是,安慰剂效应也让我们得以用一种反直觉的方式来破解自欺的本能,从而获得更好的结果。想想那些总是告诉自己他们很累、没有动力、是个失败者的人,他们实际上正在有效地服用一种安慰剂，以确保他们如他们所说的那样。而且，结果通常能证明他们的判断是正确的，因为他们给自己设下了陷阱：要么有意识地认识到自己在对自己撒谎（鉴于我们的生理机制是多么努力地隐藏自己的谎言，这无疑是相当困难的），要么实现并因而强化这些论断。

我们可以尝试着积极运用自己的谎言，同时又不用落入上述陷阱之中。比如你可以告诉自己："我是一个优秀的演讲者。"你可能其实并不是，但是一旦你有意识地把这一点说出来——哪怕只是在自己的脑海里说——就相当于服下了一颗提升公开演讲技巧的"糖丸"。你越能说服自己，和这个谎言相处得就越舒服，也就越能说服别人相信这一点。换句话说就是，最终，你的信心会取得成功，并强化你最初的谎言，而谎言最终也会成为现实。

哈佛大学的哲学家威廉·詹姆斯将这种对自己的信念称为"先入为主的信念"（precursive faith），而我将其称为"行动驱动下的信念"。与其说依靠潜意识中的信念向意识传递证据，不如说我们必须通过采取行动来推动我们潜意识中的信念朝着想要的方向改变，从而驱动意识层面上信念的产生。如果我们能够有意识地让自己的行为和活动与我们希望自己成为的那一类人相符，就相当于有意识地控制住了我们的"新闻秘书"——我们的意识会将它的报道传达回潜意识：我们就是这样的人。

尼克·摩根博士是一位顶级传播理论专家，也曾担任过诸多身居高位的政治人物、商业领袖和TED演讲者的演讲教练，他对上述这种从行动到信念的现象做了如下描述：

大脑中年龄更老、位置更低的那部分，也就是大脑皮层之下的部分，"思考"的方式是非语言的。而且它思考的速度远比有意识的大脑皮层更快。所以你做的很多事情——比如在漫长的一个工作日结束后拥抱你的伴侣——是因为首先你拥有了一个情感上或身体上的想法，然后"见到你可真好，亲爱的"之类有意识的念头才会紧随其后。人类的表达中，许多重要领域都是由身体全权掌控的。

由身体采取的行动——摩根博士举的例子是拥抱自己的伴侣——驱动产生了有意识的信念："见到你可真好，亲爱的。"对肢体语言赋予更多关注，通过肢体动作来表现我们想要的行为，可以帮助推动我们的大脑与行为保持协调一致。举个例子，假如我的目标是展现出自信，那么驼着背走路或者低垂着双眼就不可能让我的大脑（以及别人的大脑）相信我是自信的。或者假如我的目标是开放地接收新想法，那么除非我的身体先传达出这种意图，否则我的大脑就不会接受这一目标。所以对我来说，最重要的就是有意不要交叉双臂和双腿，并且让表情放松下来。

我们应该尽可能地利用自欺本能，将我们的信念引导到积极的方向。不过，就算这些小窍门可能很有用，我们还是必须保持警惕。在现代世界中，对于自己的看法过于乐观有时也会适得其反。

欺骗的脱轨——揭露我们谎言更深层的原因

只属于我们个人的现实，很大程度上是我们自己创造的产物，鉴于没有人会对我们想法的准确性进行事实核查，所以只要想法上出现一丝小小的转变，我们的现实就会完全偏离真相。想要向全世界展现"最好"的自我的本能，有时意味着我们需要做一点点"修图"工作，或者加上一两层的"滤镜"。谁在社交媒体上发照片之前不会稍微修一修呢？我们会精心地修饰自己的表达，而这种表达本身就不是完全符合实际的阐述，它有时会造成适得其反的效果。这类事情就曾发生在记者布莱恩·威廉姆斯身上的事。

身为一名受人爱戴的NBC（美国全国广播公司）新闻记者，威廉姆斯在2015年陷入了一场自己招致的争议：他声称12年前报道伊拉克战争时，自己乘坐的飞机曾经被一发榴弹击落。随着与这一陈述相悖的各种报道问世，威廉姆斯做出了道歉，而且他看起来似乎真的从内心感到困惑，不明白为什么自己居然能把亲身经历和前一架飞机的遭遇搞混——而那架飞机的确被火箭推进式榴弹击落了。

事实证明，威廉姆斯也不过是一介凡人，而自欺的本能是普遍存在的。我们中的大多数人都会在自己的故事里添加戏剧性的元素，每次重新讲述都会对它加以修饰，以此来吸引听众的注意，并且成为自己传奇故事中的英雄。但是在这个技术先进且广泛互联的世界中，这些故事最终都要面临清算。正如威廉姆斯（或者几乎每一位政治候选人）所展示出来的那样，我们很容易相信自己的谎言，却又不去自问撒谎的根本原因是什么。为了避免落入自己给自己挖的有损于声誉的陷阱，我们必须将自己做出这种行为的理由厘清。

在此，我将引述一则犹太寓言，最开始，它是为了教导我们认识到对习俗和仪式问一问"为什么"的重要性。我听过这个故事的各种变体和版本，不过它们的结论都是一样的。

金、科瑞和莫利三姐妹家里都有在感恩节烹制美味烤火鸡的节日传统。她们三人烹饪火鸡的方法也是一模一样的：先切掉火鸡的尾部，再涂上妈妈指定的调味酱用烤炉小火慢烤。这天，刚结婚不久的莫利正在厨房里准备烤火鸡，打算和新婚丈夫在二人共度的第一个感恩节享用。她的做法让丈夫有些迷惑："这只火鸡这么好，为什么要把尾部切掉呢？""我也不知道，"莫利答道，"我们家一直是这么做的。"但是这个问题也点燃了她的好奇心，于是她给两个姐姐打了电话。金和科瑞同样不知道理由，只知道妈妈一直是这么准备烤火鸡的。挂掉电话以后，莫利又拨通了母亲的电话，下定决心要把这个谜团彻底搞清楚："为什么呢，妈妈？为什么咱们家人都会把火鸡尾部切掉？""哎，现在想想这还真是个好问题，"妈妈答道，"等我问问你外祖母。"莫利的妈妈给三姐妹的外祖母打了电话，才终于得到了答案。"我也不知道为什么你和莫利要把好好的火鸡尾部切掉，"外祖母说，"我这么切是因为我家烤盘太小了，放不下整只火鸡。"

这个故事完美地展示了我们行为的近因（proximate reasons）

与远因（ultimate reason）之间的区别。近因是我们产生特定反应的直接原因，比如你在雨中会打开雨伞是因为不想被淋湿。而远因则是更为遥远的根本原因，它通常也是驱动行为的"真正"的隐藏原因（比如你不想被淋湿是因为淋湿了可能感冒，感冒又可能对你的健康产生长期影响，或者至少淋湿了也会把你的发型毁掉）。故事里的莫利三姐妹和她们的母亲理解的都是近因——她们家一直以来都是这样做烤火鸡的。直到有她们之外的人留意到她们独特的行为之前，母女四人都从未问过这一行为的远因是什么。

绝大多数人在用近因作为回应时都相信自己讲述的就是真相。而在上文有关烤盘的故事里，四名女性从未想过"为什么"背后的"为什么"。而就布莱恩·威廉姆斯的情况而言，他大脑的意识区在努力否认说谎的理由。而他谎言的远因是什么呢？英勇无畏、敢于冒险的男性在社会上会受到高度重视，虽然确切原因只有威廉姆斯本人知晓，但或许他也是想给自己勾画出这样一个形象吧。

这些和你有什么关系呢？为了确保你自欺的本能能够为你所用，而不会对你不利，在你为自己的行为和欲望给出的都是近因的时候——比如"我想像杰夫·贝索斯一样，因为他那么有钱！他想干什么就能干什么，有好几处房子，开的也是兰博基尼"——保持清醒的意识和观察很重要，因为远因才可能揭示出更深层的真相。所以，想要得知真相，你就必须去问问那些反应背后的"为什么"才行：我为什么会想要好几处房子？我为什么想发财？想开兰博基尼？

我们有意识的自我会积极回避驱动我们行为发生的真实原因。

男人想要变得更像杰夫·贝索斯（或者休·赫夫纳、布拉德·皮特），出于本能的远因是这能够带给他们地位，而地位又能带给他们交配的机会。这种欲望的近因带来的直接结果很好，但真正的结果是由我们非常原始且自私的潜意识所促成的。

配合适度的自我欺骗，我们的性本能与生存本能就会引领我们去追求十分欠考虑的目标（比如多处住所和多辆跑车），将错误的人推上领导地位（比如高个子的自信男性，就像我们在第二章里看到的那样），或者把匀称的体形看成女性生殖能力的标志并以此衡量女性的价值。我不是想说兰博基尼不好，或者高个子的自信男性不能做好领导，又或者美国小姐冠军成不了好母亲，但是现代环境下的领导力和家庭技能当然与性别或者身高都没有联系，跑车也不是通往幸福的真正路径。在上述情况中，都有一定程度的欺骗在起作用。

比如女性就尤其容易在与其他女性合作的整体意愿这方面进行自我欺骗。2011年发表在《心理学公报》上的一份对合作中的性别差异的元分析发现，女性在一男一女搭配的组合中会比在两名女性搭配的组合中表现得更加愿意合作（实际上两名男性的搭配也会比两名女性的搭配合作得更好）。

我们与男性掌权者合作的意愿很有可能是一种进化出的机制，通过增强他们的自信心，主动迎合他们的观点，可以从传统意义上更具价值的男性手中获取资源。但是如今这种机制会导致一种恶性循环——让女性在与男性领导的互动中过于合作，同时在无意中阻碍其他女性获得同等的尊重。对于男性而言，自欺可能就像是"我是凭实力赢得这个岗位的，和我的性别或者身高无关"。而从女性的角度来看，自欺则是"我相信他的理念和领导力就是比我的强，和性别或者偏好没有关系"。

成为非专业人士

不论性别，一旦人们通过特定的视角（一般来说是对他们有利的视角）来看待某种情况，他们通常就不能客观或清晰地看待和解决问题了。特别是在涉及的情况包含令人尴尬的元素或者有着导致地位降低的风险的前提下，本能会让我们盲目地相信自己的能力——同时维持自己的地位——即便我们面对的是相当糟糕的数据。或许可以说这也是导致1986年"挑战者号"航天飞机失事的一部分原因。

"挑战者号"的爆炸事故是自欺本能误入歧途的一个悲惨的例子。签了约的工程公司锡奥科尔（Thiokol）曾警告过NASA（美国航空航天局），他们的O形圈产品（维持航天器完整性的一个关键部件）未必能在预定发射日清晨异常的低温暴露环境中达到很好的密封性。在此之前，NASA遭遇了一次又一次的挫折，并且承受着美国政府因为发射之前的多次延迟而传达出的失望情绪。所以，在遭受了又一次挫败，以及自尊、地位以及骄傲又一次受到损伤后，NASA不仅没有谨慎对待锡奥科尔的工程师们提出的不发射建议，反而表现出了彻底的敌意。

鲍勃·艾贝林（Bob Ebeling）是当时恳求NASA停止发射的5

位锡奥科尔的工程师之一。他在2016年接受了美国国家公共广播电台的采访，很明显，艾贝林因为自己当时没能将停止发射的立场坚持到底而深感内疚。但最终他还是做出了如下阐述："NASA掌控着整个发射进程，他们一心想飞上天，向全世界证明他们是对的，以及他们知道自己在做什么，然而事实并非如此。"

预定发射日期的前一夜，锡奥科尔高层组织了一次短短5分钟的私下会面。由于严重依赖着由近因（取悦他们的客户NASA，以及避免失去未来的合同可能带来的后果）主导的推理，他们决定撤回此前的不发射建议。1986年1月26日清晨，"挑战者号"升空73秒后在半空中发生爆炸，7名机组人员全部遇难。

NASA一方也并没有询问锡奥科尔撤回决定的理由。他们已经听到了想要的答案，认为不需要更加深入地探究了。这种自欺的本能最终导致7人丧生。这些在分析和统计方面接受过顶尖训练的头脑居然没能根据自己手里的数据进行恰当的评估与行动，只因为这些数据可以通过简单的近因推理来解决。没有人仔细审视他们想要推进发射这个行为背后的远因解释。因为如果这样做了，他们就不得不直面自己那维持地位的需求了。假如能够认识到正在发生作用的自欺本能，这个堪称美国历史上最可怕也最可预防的故障之一原本是可以不发生的。

一旦成为专家，我们就会拼命维持自己规则的"正确"，从而经常忽略了当下能够接触到的上百万点数据构成的宏大图景，而这可以向我们揭示另一种结论。我们很容易陷入旧的模式和叙述，而这些模式和叙述都符合我们已经认定的结论。但我们的关注点不应该是"正确"本身，而应该是如何把事情做对。把事情做对——超越我们想做专家的先天需求——才能让我们最终实现进步。在生活中不做专家是完全没问题的，而即便是在那些我们被当成专家的领域内，也总是还有空间去成长，有空间去变得更好。

何况现实是，即便是对于那些我们确定自己能够掌握的最简单的事而言，我们也算不上真正的专家。我们依赖的完全是大脑为了让我们快速达成"正确"结论而搭建的规则与快捷方式，即使那些快捷方式是谎言。只有在灾难发生之后，我们才会停下来，问一声："我怎么没想到会有这种事呢？"哪怕现实中的情况就在我们的面前，我们的大脑也依然十分善于无视那些并不符合我们认定的真相的信息。

请你尝试做一下这个我经常与客户和团队一起做的小实验，数一数下文中出现了几个字母"F"：

FINISHED FILES ARE THE RESULT OF YEARS OF SCIENTIFIC STUDY COMBINED WITH THE EXPERIENCE OF MANY YEARS OF EXPERTS.

答案当然就是7个了。你不相信吗？那就重新数一遍吧，别忘了把"of"这个单词里包含的"F"也算上。如果我告诉你，4岁的孩子在这个实验里表现得比成年人好很多，你会相信吗？英语并非其母语的人士表现也比英语母语者要好。这是为什么呢？因为找我做咨询的绝大多数美国客户采用的阅读方式都是语音阅读，所以他们会因为在"of"一词中"看"不见"[f]"的读音而很难从这个单词中识别出这个字母。

一旦锁定了某个特定的"真理",我们也就同时排除了所有与之矛盾的东西,并且积极地与大脑中的意识做着对抗。在上文那个实验中,我们锁定的"真理"就是字母"F"应该发"[f]"的音。在它不发这个音的时候——比如在"of"这个单词里出现的时候——我们这些英语母语者就看不到它了。而在这个例子里并不算"专家"的人们——非英语母语者和还没学读写的幼儿——却能毫无障碍地找到所有的"F"。有时,往往只有非专业人士才能指出我们的迷思。

克里夫·扬的故事就完美地体现了这个理念。1983年,来自维多利亚州山毛榉森林种马铃薯的农民克里夫·扬开了11个小时的车赶到韦斯特菲尔德的帕拉马塔购物中心。他并不是来买东西的,这个购物中心其实是澳大利亚的一场高难度超级马拉松的起点,比赛从悉尼开始,到墨尔本结束,总里程长达554英里(875公里)。全世界的精英长跑运动员都会在名牌运动鞋和跑步装备厂商的赞助下前来参加这场为时7天的赛事。

来到悉尼的克里夫·扬此前从未参加过马拉松比赛,也没有接受过长跑训练,他甚至连合适的装备都没有。实际上他穿的是干农活穿的工装连体裤和靴子。不过尽管如此,这位61岁的农民坚信自己能完成这场艰苦卓绝的比赛,因为他这辈子绝大多数时间都在自己的农场里追羊。

没有人把他当回事,尤其是在发令枪响起以后,扬迈开足蹬胶皮靴子的双腿,以极其缓慢的速度拖着步子跑起来时。但是5天零15小时又4分钟之后,冲过终点线的扬震惊了整个世界。这位老农的用时居然比此前的世界纪录少了将近一天半!

那么他是怎么做到呢的?扬最大的优势就在于他完全没有精英长跑选手的那些对于"如何赢得这场比赛"的先入之见。所有经验丰富的运动员都很清楚,想要赢得这场比赛,他们需要每天花18个小时奔跑,花6个小时睡觉。而这些精英睡觉的时候扬依然在奔跑,他甚至不知道自己应该在比赛进行期间停下来睡觉,所以他就根本没有停过,就这么一直拖着步子跑了五天多。

有时,我们的盲点也正是突破点。在克里夫·扬的例子里,正是因为他缺乏长跑这一领域的权威知识,他才能带着10,000美元的奖金回到自己的马铃薯农场。

寻找"初心"

对于某些公司而言,发现其专业领域中的盲点实际上可能带来巨大的回报。21世纪初期,大批科学文献都致力于研究一种被称为"药品生产力危机"的现象。久负盛名的《自然》期刊2011年发表的一篇广受引用的文章指出,虽然在新药开发中投入的资金越来越多,然而自20世纪90年代中期以来,获批上市的产品产量却显著且持续地下降。

制药公司礼来(Eli Lilly)取得过一系列令人印象十分深刻的成就,包括首次生产胰岛素、首次大规模生产脊髓灰质炎疫苗和青霉素,还是百忧解最大的生产商和经销商。但哪怕是礼来这样的公司也同样容易遭受药品生产力危机的影响。然而，尽管面临着经济危机，管理层的第一反应也是增加在研究和开发上的投入，并在2000年新雇佣了超过700名科学家。如果说过去的十个年头让医药产业学会了什么，那就是更多的资金和更多相同的思路并不能解决问题。礼来是时候发挥创造力了。

公司的领导层做出了一项大胆的决策，即通过搭建网络平台来鼓励任何"探求者"和"解决者"为公司提供解决方案，使公司非专家化。与其只向自己的科学家研发团队征求意见，为什么不对任何能提供创造性方案解决问题的人进行激励呢？于是，众包问题解决平台 InnoCentive 应运而生。2005年，InnoCentive 脱离礼来独立，却依旧是诸多项目的首选网络平台（截至本书在北美出版，该公司共参与了超过2000个项目），它也同时服务包括通用电气和卡夫食品在内的许多《财富》500强公司。到2020年2月为止，InnoCentive 的问题解决者网络总共涵盖了来自将近200个国家的超过390,000名的用户，参与项目的成功率更高达85%。

我们总是错误地假设技术问题只能依靠拥有专业技术知识的人来解决，但是来自 InnoCentive 的数据已然证明了这一点并不正确。麻省理工学院斯隆管理学院最新的一篇科研论文对 InnoCentive 来自26家公司的166个先前未解决的问题进行了分析。这些问题包括如何合成新的化合物、如何培育对常见杀虫剂具有抗药性的变异昆虫，以及如何治疗炎症和肥胖症。研究人员发现，找到解决方案的可能性与解决者科学兴趣的异质性之间存在着明显的正相关。换句话说就是，解决问题的人背景越多样化，他们找到解决方案的可能性就越大。

大家都知道"三个臭皮匠赛过诸葛亮",因此100个、1000个,乃至100,000个思路各不相同的头脑,经过良好的组织必然会带来更有创意、效益也更好的解决方案。

礼来和其他公司都从这些他们自己拥有的高技术水平的资深员工团队无法提供的解决方案中受益匪浅。将近30%的方案来自员工之外的人员,这些人甚至还往往是来自完全无关的领域的非专业人士。有这样一个例子,一些毒理学专家试图理解研究中遇到的一种病理学现象,在向本专业领域的国内外专家寻求解决方案未果后,毒理学家们使用InnoCentive对这个问题发起了众包。很快,就有一位专攻蛋白质晶体学的科学家给出了解决方案,而他的研究领域和毒理学可谓相去甚远。而对这个分子生物学问题的其他成功解答分别来自一位航空航天物理学家、一名小型农业综合企业主、一位经皮给药(编注:药物通过皮肤吸收的一种给药方法)领域的专家,以及一位工业科学家。

科研领域也不是众包的唯一受益者。比如,卡夫食品最近就发现它最受欢迎的产品"奥利奥饼干"需要一个全新的品牌标识——奥利奥在2012年迎来了里程碑式的100岁生日,而这个品牌看起来也的确是一副百年高龄的古老面貌了。随后,博宁·博夫(Bonin Bough)出任了奥利奥的全球媒体主管。博夫没有传统的行业背景,意味着他会尽量规避围绕着过去的电视广告展开营销,而更愿意对常见的设想进行挑战。正如博夫在2014年接受《快速公司》杂志采访时所说的那样:"我就很多似乎没有意义的事情提了不少问题,因为我是真的不了解。对我来说，没有什么是没有意义的。"

而结果就是一场名为"每日扭一扭"（Daily Twist）的营销活动彻底颠覆了传统营销模式。奥利奥在社交媒体渠道的牵引下，对广告宣传进行了"众包"。他们开始听取人们在网络上讨论的内容，并精心设计合适的营销策略进行匹配。比如人们热议的话题是登陆火星，奥利奥投放在社交媒体上的广告中就出现了接近火星土壤颜色的红色夹心饼干，上面还有探测器履带留下的印记。再比如社交媒体上人们为了新诞生的大熊猫宝宝兴奋不已时，就出现了熊猫脸形状的深色奥利奥奶油夹心饼干的广告。对于奥利奥的数字营销代理公司CEO萨拉·霍夫斯塔特而言，这是一场梦幻般的营销："人们就像讨论奥利奥饼干一样经常把我们的营销挂在嘴边！"奥利奥运用社交媒体平台创造了一整套公关生态系统，根据戛纳金狮的统计，营销期间他们获得了额外的4000%的脸书分享数（与其他月份相比），以及2.31亿媒体印象，还让奥利奥成了2012年人气增长最多的品牌（增长了49%）。

如果我们愿意成为非专业人士，我们往往会发现令人意想不到的解决问题的方法，而这些问题是我们在其他情况下永远不可能遇到的——其中就包括认识我们自己这个问题。比如，在没有外人介入的情况下，我们是看不到自己的盲点的。而且讽刺的是，我们在了解自己这个领域中是完完全全的"初学者"。尽管95%的人都相信自己具有自我意识，但组织心理学家塔莎·欧里希的研究表明，我们之中只有10%到15%的人是真正具有自我意识的。

在2010年发表于《哈佛商业评论》中的一篇文章里，马丁繁荣研究所所长罗杰·L.马丁颇为雄辩地指出了我们有多么容易落入以如此有限的视角评估数据的陷阱："仅仅立足于那些我们能够衡量的东西，"马丁表示，"我们设想出一个狭小而受限的世界，我们在其中被'现实'所囚禁，而这种'现实'实际上就是我们无意间围着自己构建的一座大厦而已。"换言之，我们只能通过自己的双眼去观察，因此我们几乎不可能得知我们不知道的东西——尤其是当未知就是我们自己本身的时候。

实现自我意识并不容易。如果我们甚至无法信任自己对自己的看法，又怎么能知道哪些信息可以信任呢？我认为，我们应该转而求助于那些足够了解我们、可以提供给我们不加修饰的真相的人，通过众包来寻找解决方案。

很多时候，我们都会发现自己就像以上提到的参加超级马拉松的精英长跑运动员、奥利奥的传统营销人员，或者礼来那些想要雇佣更多科学家来解决问题的科学家。我们一门心思跑向目的地，却从来不曾停下来想一想自己那些决心背后的根源：**我所要做的这一切的出发点是什么？它是在帮我的忙，还是在对我造成阻碍？对自己说这个谎言真的值得吗？还是我潜意识里被本能通过某些不怎么有效或者不怎么健康的方式影响了？**想要保持正确、成为专家、成为能够解决问题的人的本能和需求，往往阻碍着我们继续前进。

打破我们对自己讲述的谎言最好的策略之一就是采用佛教禅修中"初心"——"初学者的心"——这一概念，它鼓励我们以开放而热切的态度去适应孩子般的好奇心。如果和4岁大的孩子共处过一段时间,你可能就很清楚我这里想说的是一种什么样的精神状态了。没错,是得承认这么大的孩子会一个接一个地问问题,一个"为什么"接着又一个"为什么",那是真的能把人逼疯。但是假如我们能把这种秉持好奇心去学习的原则应用在自己的生活中呢?试试看对自己的每一个信念、准则和理由都问个"为什么",并且在回答时要做到完全诚实。

让我们假设你和一位同事就公司内部交流使用哪个平台更好这个问题以电子邮件展开了激烈的辩论。你可能应该停下来问问自己:为什么我更需要"赢得"这场争论,而不是解决手头的问题?因为我是对的。好吧,为什么我非得是对的不可?因为我知道他们错了,而我不想让他们以为他们是对的。为什么我想要他们承认自己错了,而我认定的真相才是唯一的真相?因为这样他们才会尊重我。为什么这个人的尊重对我来说那么重要?就这样继续问下去,一旦挖掘得更加深入一点,你就能开始看到自己的本能上出现了一丝缝隙,从而开始更好地理解不再为自己服务的行为远因。一般来说,近因(和借口)很少能通过4岁幼儿"为什么"的轰炸考验。

对于"专业人士"而言,保持好奇心并且愿意依靠非专业人士是非常难得的,因为我们会陷入已知的信息和解决方案的限制之中。铃木俊隆禅师用简洁的语句阐释了为什么我们知道得越多,就越迫切地需要初心:"初学者心中有着许多可能性,在专家心里可能就很少了。"

纳文·贾恩(Naveen Jain)是X大奖基金会(X Prize Foundation)

教育和全球发展项目的联合主席，该基金会致力于为全世界的重大问题提供众包解决方案。他认为专家能做到的只是在自己非常熟悉的问题上给出渐进式的解决方案。

"如果有人来找我，问我怎么清理石油泄漏事故中的石油，我的思路肯定会和专业人士非常不一样，他们只知道自己以前都做过什么。"贾恩在2012年的一次采访中对《快速公司》杂志如是说，"所以我们X大奖基金会是这么做的：我们专门设立了奖金100万美元的石油泄漏清理奖。"而事实证明，赢得这100万美元的解决方案不仅比英国石油公司耗资2000万美元的手段好上5倍，更有着99%的有效性。而且你敢相信吗，提出进入决赛圈方案之一的团队是由一名牙医、一名机械师，以及一个在文身店工作的人组成的！

所有人都是自己领域的专家，但是这并不意味着我们接受的真相就一定是正确的真相，或者是唯一的真相，又或者是最好的真相，尽管本能会让我们相信这一点。如果专业人士从未拥有过初心，如果史蒂夫·乔布斯从未问过"为什么电脑不能装在口袋里带着走"，如果马特·格罗宁从未想过为什么动画片只能拍给小孩子看，我们就永远不会拥有iPhone或者《辛普森家族》了。

说到底，不如想想你是怎么了解到各种事物的。比如我们可能都同意世界是球形的，但你是怎么得知这一点的呢？这知识是来自老师的教导，还是来自NASA从太空拍下的照片？如果没有个人的直接观察，我们知道的绝大多数东西都源自大脑为我们建立的快捷方式（本能），或者源自对权威机构的信任——相信它们告诉我们的东西是真实的。所以在绝大多数情况下，我们对自己所认定的真相实际上知之甚少，我们只是相信可能了解这一切的人（或者我们自己的生理机制）而已。这很快就会导致一种名为"忽视性偏见"（inattention bias）的效应。忽视性偏见指的是我们只会关注符合自己想法的信息，同时迅速对其他与自己所认为的事实不相符的内容进行驳回或者辩论。这也就是为什么如果人们找不到达成理念一致的方法，就无法跨越理念上的鸿沟进行交流。

"没错，除此之外……"——唤起善解人意的对话

21世纪初期，我与康奈尔大学的鸟类学实验室合作，进行了一项关于乌鸦的研究。我本人负责的是应对大众对这种常见鸟类提出的一系列问题。其中我最喜欢的一次互动就是一名女性问我乌鸦是不是也能当人的守护灵。这个问题问了我个措手不及，我绞尽脑汁想要找个合适的方法把这些话说出来：身为科研人员，坦率地讲，守护灵保护并指引我们这个想法简直太荒唐了。不过我通过一个简单的问题争取了一些时间："可以跟我多讲讲吗？"我尽了自己最大的努力维持初心，站在一个相对无知的立场上开始沟通。

这位女士接下来解释说，她最近在纽约北部越野滑雪，结果摔了一跤，腿严重骨折。她认定自己不可能安全回到家里了，并因此陷入了恐慌。根据她自己的说法，就在那个时候，一只巨大

的乌鸦——她的守护灵——突然出现,并且给了她拖着伤腿回家的精神力量。她说那只乌鸦一路上一直在看着她。这真是一个感人的故事。那么我要怎么告诉这位女士,那只乌鸦其实是在等着她死去,这样它就能饱餐一顿了呢?

就在那一刻,我得到了一个把我宣传的一切付诸实践的机会:虽然我知道那只乌鸦更像是满怀希望的食腐动物而不是精神向导,但也没有什么东西能证明我的想法一定是对的。我必须迅速转变方向,从而不让本能断言我的观点就是终极真理。

"没错,"我说,"乌鸦当然可以是守护灵。"

为什么这么说呢?因为我相信这位女士。如果她没有和自己认定的那个真相达成一致,那天她大概就不能安全回家了。所以,乌鸦可以是守护灵。

"除此之外嘛……"我接着说道,"那只乌鸦也有可能是在等着你死掉,这样它就能从柔软的部位开始吃了。"

我认为我把这个真相说得足够委婉了,不过这可能也是我的自欺本能在发挥作用而已。

采用"没错,除此之外……"这样的表达可以让对话继续下去。这对于领导者而言是一个格外关键的习惯,不管他们掌管的是能进入《财富》500强的公司,还是五人组成的小团队。"没错,除此之外……"会迫使你倾听可能对你本人坚信的真相构成挑战的另一种看法。与其坚持你认定的真相,不如去接受他人也各自拥有自己的真理,而且和你一样,他们也认为这些真理真实且有效。这并不是说事实是可以牺牲的,只是去接受他人往往对事实有着不同的体会而已。比如一个50岁的人可能会认为自己比25岁的人更加富有智慧。虽然50岁的人可能的确更有经验，但这也不意味着年轻的同事与此不同（但可能同样宝贵）的经验就不应该受到重视。

通过运用"没错，除此之外……"让他人知道你的确听到了他们的观点，并且肯定了他们专业知识的有效性。如果你与他人的立场发生了碰撞，比起立刻用"不对！"或者"对，可是……"（这相当于直接否定了"可是"之前的任何内容）来当场否定他们的观点，不如用可以让身为专家的你了解到另一种专家视角的方式使对话继续下去。追求什么是对的而不是谁是对的，可以确保你获得解决问题的最佳方案，而不仅仅是满足你想要做唯一的专家的本能。

作为受本能所驱使的人，要保证我们不固守自己的价值与立场无疑是一场持续不断的挑战。但是保持谦逊并不断练习，并且不断地奖赏我们自己和他人的求知欲，也许我们就能把自己的故事讲述得更好。如果能够通过不断重复"为什么"来挑战自己的行为，我们也许会发现，那个情形下有意识的且可接受的答案是"我不知道"。

关键点

- 欣赏非专业人士（包括你自己）。
- 不再认为自己的规则是唯一的、正确的或最好的规则。
- 积极探索如何使用强大的安慰剂效应来给生活带来积极影响。
- 用行动驱动产生新的信仰。
- 寻求以众包的方式来解决"专业"问题。
- 不仅要理解行为背后的近因，更要理解根本上驱动行为发生的远因。
- 不要再用"对，可是……"了，试试用"没错，除此之外……"来让对话继续下去。
- 适应初心，多问问"为什么"。

第五章

归属：合作方能共渡难关

2016年秋天，克莱姆森大学橄榄球队"猛虎队"对全国冠军的头衔发起第二次冲击，一位朋友邀请我去南卡罗来纳州纪念球场看猛虎队的比赛，同时参加赛前的车尾野餐会。我小时候非常喜欢橄榄球，暑假里还经常和邻居家的男孩一起打。所以那个周六去看球的时候，我觉得自己算是有所准备——我理解所有规则，或者说至少理解球场上的规则。

说到车尾野餐会和赛前的各种活动，我从来没有接触过原汁原味的南方的大学橄榄球相关活动。球迷们的热情前所未见，他们的着装也不是运动休闲的打扮，而是像参加毕业舞会时穿的正装。我就那么穿着黑色T恤衫、牛仔裤和运动鞋闯进了一片橙色褶边连衣裙、珍珠项链和高跟鞋的海洋，感觉自己像个笨蛋。为什么之前没人提醒我？都不用张嘴暴露自己的北方口音，很明显我已经不属于这里了。所有人都穿着代表克莱姆森的橙色，还不是在整体平衡的配色里添加一抹橙色的那种情况，而是全方位的橙色大轰炸：牛仔帽、连体裤、头巾、袜子、鞋子、身体彩绘，全都是橙色的。

纪念球场是美国最大的大学足球场之一，总共可容纳8.6万名球迷。终于进入球场之后，我那种格格不入的感觉终于消失了，加油口号的节奏抓住了我的心：1、2、3、4，1、2、3、4，克莱姆森猛虎——向前冲！猛虎队！加油！猛虎队，冲冲冲！我也开始跟着人群一起喊起了口号，微笑着融入身边的球迷。赛前的气氛激动人心，巨大的屏幕上播放着过往的精彩画面，我们为每一次神勇的拦截和惊险的接球欢呼喝彩。我完全投入了赛场上的热烈情绪，甚至忘了自己衣服的颜色不对。邻座的球迷看出我是第一次来看比赛，他兴奋地向我介绍着我即将见证的赛场传统，还特意为我指出了应该重点关注的位置：球员们的入场门就在达阵区（译注：美式橄榄球术语，指球门线到底线的球门区）那一侧的观众席山顶上。

入场门突然敞开了，克莱姆森的队伍气势逼人地踏出大门，他们团结地挽着臂一起左右摇晃着身体。一声礼炮响起，人群爆发出欢呼，全体球员和教练团队一起沿着坡道全速而下，穿过欢呼声高达133分贝的人群（这可是大学橄榄球赛事中最吵闹的观众了）。经过大门时，每一位球员都会停下来摸一摸一块具有纪念意义的石头。"从1967年开始，触摸'霍华德之石'就成了球队的传统。"邻座的球迷向我解释道。据说当时的教练弗兰克·霍华德曾经对球员这么说过："如果你打算在比赛中付出110%的努力，那你就可以摸摸这块石头。不然就别拿你的脏手碰它。"

这样壮观和戏剧性的场面是我从未见过的。我非常享受。早上到场时，我还感觉自己像个外人，短短几个小时之后，我已经完全变了。我变成了这个巨大的有机体里的一个细胞，我像所有人一样加油助威，和大家一同体验着比赛的光荣传统。真是一段奇妙的经历。

克莱姆森的人们十分了解一点：仪式和传统是拥有力量的。所以"橄榄球"在克莱姆森绝不仅仅是一项体育比赛，还是一个身份、一个品牌、一个大家庭，也是一个让所有学生在其中彼此相连的使命。克莱姆森实现的只不过是一种非常强大的本能干预，它充分利用了我们寻求归属感的本能。

身为群居动物，归属感与我们的健康、幸福感以及工作表现密不可分。2019年，BetterUp实验室——职业培训公司BetterUp的研究部门——针对不同行业的1700名员工展开了调查，结果表明，归属感可以让工作绩效提升56%，让人员调整率下降50%，以及让员工的病假天数减少75%。除此之外，研究数据还显示出，拥有归属感的员工愿意向外积极推荐自己的工作场所的可能性大概多出167%。综上所述，归属感对企业而言有着巨大的影响。研究人员估计，如果企业能够营造出一种强烈的归属感，那么对于每1万名员工：

- 生产力提高带来每年超过5200万美元的收益。
- 每年节省下约1000万美元的人事调整成本。
- 每年减少2825天病假，这又能转化成每年增加近250万美元的收益。

说回橄榄球，克莱姆森大学充分掌握了上述数据所证明的道理：给人们提供一种部落人般的归属感——让他们认为自己是某种更宏大事物的一部分——同样对把握自己的底线很有好处。2008年，克莱姆森大学还没建立起一支成绩优秀的橄榄球队，当年申请入学的新生只有15,542人。但是10年之后，橄榄球队手握两个全国冠军头衔，新生入学人数也像坐上火箭一样上升到了28,844人，比10年前增加了86%。要知道，从全美可以进行比对的专上学院的数据来看，2010年到2017年的全国整体入学人数其实下降了4%。

2017年，克莱姆森大学对阵阿拉巴马大学，争夺全国冠军的头衔。最终，克莱姆森不仅赢得了比赛，还新增了10,800名社交媒体粉丝，为大学赢得了总共2700万社交媒体印象。在接下来的一周里，克莱姆森大学的官方网站上挤满了注册浏览、了解学科专业以及下载申请材料的访客。若是通过宣传功能来实现这一目的，不但需要付出高昂的成本，还未必能达到同样好的效果。正如BetterUp实验室的数据显示的那样，克莱姆斯大学不仅入学人数上升，2018年的新生保留率也增加到了93.3%，同时，作为生产力衡量标准之一的大学颁发学位的总数也比2008年增加了62%。

对归属感的强烈需求也促使我们迅速建立起联盟。20世纪70年代，社会心理学家亨利·泰弗尔和同事们对人脑将人类进行社会分类的天然能力进行了广泛的研究。泰弗尔发现，只需要一些表面上简单的标准，就能在两个群体之间造成强烈的偏见鸿沟，他将这种现象定义为"最小群体范式"（Minimal Group Paradigm）。

比如，我们可以通过抛硬币将20人平分成A、B两组。片刻之后，如果我们随机从B组挑选出3人加入A组，这3名新成员会从A组原本的成员那里获得不那么好的评价。令人难以置信的是，他们的大脑已经建立起了一整套"我们/他们、好/坏"的二分法，而依据只不过是一枚硬币的正反面而已。虽然这看起来是个令人沮丧的现象，但实际上我们的大脑可以抓住看似随意的代码来建立归属感这一点反而相当令人安心。

容我在这里向各位坦白，我也曾经不止一次有意识地运用这个机制来为自己谋取好处。第一次在现场观看克莱姆森球队比赛的几年之后，我为一场支持青少年糖尿病基金会的慈善自行车比赛进行了筹款。那是一个美丽的秋日，虽然距离筹款目标还差3000美元，我却实在没有力气继续在虚拟世界里挨家挨户地去敲门——通过邮件和活动来筹集资金了。于是我想到向成了"自己人"的克莱姆森球迷们求助。那天，我花了差不多4个小时身穿克莱姆森的橙色服装穿梭于各个车尾野餐会，把自己的筹款任务讲给我的橄榄球家族听。而他们也往往会爽快地向我敞开心扉和钱包，甚至还会给我开一瓶啤酒。只不过因为我穿着那个颜色的衣服，支持着那支球队，我在那天就获得了一种发自内心的信赖。结束筹款之旅回家时，我手头已经有了接近3000美元的现金。

我们该如何像克莱姆森那样，成功建立起归属感并树立起自己的品牌呢？如果每天去工作都能感受到球迷对他们最爱的球队传达出的那种善意、热情、归属感和彼此相连的情绪，那又会是什么样的感觉呢？我们要如何在自己的企业、社区组织和家庭中建立起同等程度的忠诚和信任呢？

首先，我们必须了解到归属感本能有多么强烈，以及在现代社会的巨大竞争压力下，归属感会产生划错与他者边界的负面倾向，然后再想办法通过建立合作联盟来让这种本能向好的方向发展。

设想一下，假如你在一个研究团队工作，而团队的主管不断把成员们的工作成绩拿来相互比较，并且不断催促你们要干得更努力、更快、更聪明。由于没有正确界定出"部落"与"敌人"，你的大脑会回到把同事们都看成"他者（敌人）"的思路上，把他们看成不能信任的外人。整个团队会把互相争斗和竞争默认为一种生存的手段，哪怕这会让整个公司蒙受损失。

对抗这种错误本能的关键就是去建立起一支"部落"——一个安全社区内的联盟。而这正是我读博期间参与的实验小组里发生过的情况。

建立合作

2009年，我加入了史蒂夫·舍希博士在孟菲斯大学的实验室。史蒂夫的外形和作风都很像经典电影《谋杀绿脚趾》里的"督爷"。他高中辍学，从卡车司机一步步成为备受尊敬的科学家，这样的史蒂夫无疑是一位天才，我与他相遇的时候，他正领导着全国最有声望的心理学实验室之一。能与他共事正是我梦寐以求的。

我每年有6个月住在孟菲斯，在史蒂夫的实验室里工作；另外6个月住在佛罗里达中南部的阿奇博尔德生物研究站，除了我还有大约15名二十几岁的学生从全美各地来到这个独特的环境中工作。我们的研究场所是一处占地5000英亩（约20平方千米）的庄园，而我的工作就是徒步或者坐着全地形车，四处寻找佛罗里达灌丛鸦这种濒危鸟类的踪迹。我每天都觉得自己像是在《侏罗纪公园》的片场里一样，风景优美宜人，但工作又异常艰苦。

以博士新生的身份加入史蒂夫的实验室，意味着我作为新对手加入了这场竞争，要去争夺关注和资源，还有最重要的一项——鸟。如果你的研究对象是濒危物种，就必然会迫切地想要搞到每一条数据。鸟类数量稀少带来的唯一好处就是我们能辨认出种群中的每一个成员个体——每一只鸟都有我们给它戴上的轻量彩色脚环作为各自独特的"名字"。我们工作的生物研究站分为两个部分：北区主要用于正在进行中的研究，有一个工作人员及实习生组成的团队全年常驻；而南区则基本上由我们的实验室"占据"着。我们这群叛逆的孩子只在这里待了一季，就把研究站的南半边当成了自己的地盘。

舍希实验室的研究人员每天都会在黎明时分外出，在南区对新鸟进行诱捕、上环，将其用于各自的研究。虽然我们在同一个实验室里工作，每个人却都有彼此独立的研究项目，所以每个人都很需要这些鸟儿来进行自己的研究。结果就引发了一场《饥饿游戏》中那样的混战式竞争：我们每天都会在野外待上10个小时，一周7天无休，试图尽可能地标记上更多的鸟。这太疯狂了，我们谁也没能赢得什么。

史蒂夫在孟菲斯还有教学任务，所以不经常到野外研究站来。即便来了，他也是坐在研究站主楼门前的草坪上，抽着他的便宜雪茄，喝着玛格丽塔鸡尾酒。大多数学生都觉得他碍事，而这可能就是他想达到的效果。他越是抱怨我们捕鸟的本领有多差，我们就越觉得不得不容忍他的这段经历让我们建立了感情。我们会一起熬夜，一直熬到史蒂夫回去睡觉，然后一边喝着他剩下的玛格丽塔，一边做着寻找新鸟的规划。谁也不想被这家伙打倒。

然后，改变整个局面的那一天到来了。那天早上，史蒂夫两眼冒火地从野外回来，嘴里花样百出地骂着我实在没办法替他开脱的脏话，他说自己刚去了南区和北区的边界一趟，然后某个"一脸贱相"的北区实习生"偷了"他的一只鸟。那不仅是他的鸟，更是我们的鸟，是南区舍希实验室的鸟！

这件事在我们所有人的心里都点燃了一团火，也成了转变整个团队行为的催化剂。因为有了一个他者的存在，我们内部的竞争就不再重要了；眼下我们要和北区的研究人员竞争，他们才是真正的对手。我们一直忙着跟自己人争论不休，而没有组织起来对付真正的敌人。除了把那只鸟要回来，我们还有很多其他目标！

这最终促成了实验室在诱捕鸟儿这方面最具创新精神的一年。我们组建起了一套全新的搜索系统，让全体成员可以共享大家发现的鸟儿，同时让搜寻的覆盖面变得更大。我们把共用的记录表摊在厨房的桌子上，这样大家就都能看到我们的团队搜索到哪里了。我们共同组成了一台高效的"机器"：跟踪、监控、录入数据。我们甚至还开始合作烹饪，这样可以最大化运用我们的时间和能力去推进任务的执行。我们采用了全新的诱捕方法，包括把正在孵蛋的雌鸟暂时从巢上取下来标记雏鸟。我们制作了技术水平更高的陷阱，通过远程按按钮来诱捕并关住鸟儿。我们甚至开发出了一种射频识别标签，这样我们就可以拿美味的饵料选择性地喂我们这边的鸟，而不喂北区那些"别人的鸟"了。

实验室文化也悄悄发生了变化。我们开始一起吃饭喝酒，还给看电影和其他娱乐挤出了一些时间，比如在研究站的湖里拿西瓜当水球打，或者在周日利用现有的条件来一场即兴槌球比赛。实验室的整体气氛都变得更加积极了，而且我们在捕鸟的成绩上也碾压了北区的团队。最重要的是，我们每个人都得到了更高的个人收益，为各自的研究获取到更多的鸟类个体数据。

事实证明，合作是一种比内部竞争更好的策略，而内部竞争会遮蔽我们的双眼，让我们看不到解决问题的方式。我们此前一直把和他者（敌人）的边界划错了，每个人都想收集到最多的数据，成为导师眼中的"赢家"，而史蒂夫却知道我们团结一致才能取得更多的成就，而他本人也能从中获益——我们的团结协作大大增加了史蒂夫的实验室论文的发表数和得到的拨款量。

那年夏天发生的事情完美证明了人人都能将我们最强大的本能之一——对归属感的需求——用作在整个组织中建立信任、促进积极成长的方式。首先我们要理解的是，我们有一种与属于"他者"的人群形成负面联系的天然倾向（下一章中会更为广泛地探讨这个话题）；其次，我们要在团队内部创造积极的联系。

接下来，我要坦白一段有点尴尬的经历。我现在经常到处旅行，不过事业刚起步的时候，出差对我来说还算是大事。我还记得自己第一次获得升舱的待遇，得以和一小群乘客一起提前登机的时候，当时的我立刻就有了一点点自己很重要的感觉。不过随着飞行里程积攒得越来越多，我也开始越来越频繁地得到升舱的机会。很快我就习惯了在登机口急切地盯着屏幕上的升舱名单看，等着"R.海斯"这个名字旁边出现那个小小的透明选框。看到它变绿的那一瞬间是多么令人激动呀！其他人挨挨挤挤地登上经济舱时，我却可以坐在头等舱里悠闲地喝一杯酒。几分钟之前我还在经济舱那个"等级"里，但是一得到升舱资格，就立刻感觉这是我应得的，自己的确挺重要的。而假如我能在到达机场之前就获得升舱资格，我甚至会用有点高高在上的视角去看待那些在登机口眼巴巴等着升舱确认的人。老天，只是把这些想法写下来都会让我感觉自己像个混蛋。这多荒谬啊，在别的航班上，他们可以是我，我也可以是他们，我绝对不比其他任何乘客优越。

关键是，一家公司不需要付出很多就能增强员工或者客户的归属感，以及随之而来的认为自己拥有权利或者资格的感觉。航空公司客户忠诚度计划里的排名系统在特定航线上明确划分出"家族"内部的地位。所有乘客——这个"家族"的成员——都属于飞行常客，但是谁的里程多一目了然。拥有白金会员资格的乘客可以享受如同地位提升的体验，但这种特权是没有设限的，只要飞行里程够多，任何乘客都可能拥有它。只要没有零和博弈，每个人都能赢，一个人获得成就不代表着另一个人就要做出牺牲。

但是现在请你设想一下，如果获得地位的条件和机会都十分有限（比如头等舱的座位数非常非常少），情况又会变得多糟糕。在资源结构有限的情况下滋生不必要的竞争，几乎可以说确保了优越感会转化为贬损行为，同时也会在拼命想要获得认可的人群之中助长背后捅刀、拍马屁和抹黑诽谤的文化。

对我们的祖先来说，让"我"多拿一些而给"他人"少留一些对生存而言是十分关键的，毕竟那是一个危险又物资匮乏的世界，如果你自己都不能照顾自己，就更没人会这么做了。但是在现代世界里，合作行为逐渐成了团队成功的关键因素。请原谅我又要拿鸟类来打比方了，但是这个类比真的很恰当：有时生活看起来就像一场"赢家通吃"的鹰派游戏，我们甚至会把鹰看成伟大的猎手，认定我们应该去模仿它们的技能。但我认为，恰恰相反，如果我们能在生活和工作中仿效乌鸦的合作策略，反而会收获更好的成果。

商业是老鹰的游戏（但群鸦的表现更好！）

饱受人们畏惧和诟病的乌鸦是一种非常聪明的鸟类，我的职业生涯中有相当一部分时间都在研究它们。乌鸦有着极高的合作性，它们一生都会选择在大家庭里互相帮助。比如在高速公路这种危险环境中觅食的时候，会有一只乌鸦选择不去取食而为鸟群担任哨兵，并用"呱呱！"（在这种情况下，或许它们说的是"有车！"吧）的叫声提醒同伴留意潜在的危险。这也是为什么你从来没见过路上有乌鸦被汽车轧死。它们会组成合作联盟来覆盖住自己的盲点，通过轮流承担责任来确保利益（这个案例中的利益说的是食物）的最大化。

而在另一方面，鹰则是丁尼生爵士诗句中那"红牙利爪的自然"。鹰是凶残的竞争者，它们天性独立、残酷无情。我目睹过鹰把乌鸦雏鸟从巢里直接抓走，带回去喂养自己的幼雏。有些刚刚孵化的鹰雏甚至会彼此厮杀，还未离巢就已经展开了残酷的生存竞争。鹰代表着一种为了赢不惜一切代价的心态，而很多人会在新雇员工身上寻求这种心态，因为他们认为这样的人会推动业务目标的实现。鹰被视为力量、权力和竞争力的象征。不过，虽然鹰可能会在个体斗争中占据主导地位，但是猜猜看，如果一家公司完全是由竞争心强烈的"鹰"组成，那么在组织层面上会发生什么呢？它就会变得像21世纪初期的微软公司一样。

2000年12月，微软达到鼎盛期，成为全世界市值最高的公司。然而两年之后，微软的股价几乎没有任何变动，而苹果的股价却一路飙升。这期间究竟发生了什么？微软一直在雇佣并训练"鹰派"。它推行着一个名为"员工排名"（stack ranking）的政策，按照钟形曲线将员工从表现最好到表现最差进行排名。员工排名政策把微软的雇员变成了彼此竞争的"鹰"。它严重削弱了公司的创新能力，因为员工关注的只有内部的竞争，而不是外部力量和长期市场趋势。当时的微软就像我们这群在佛罗里达的田野里拼命地收集鸟类数据的年轻学生一样，既脱节又低效。

许多公司常犯的一个错误，就是会寻找并高估那些会不惜一切代价来完成任务的求职者。如果这类人将注意力瞄准正确的目标，效果自然是惊人的——比如推进团队的更高使命实现。这么说吧，如果能把他们激光般的注意力对准外部竞争，那么鹰派无疑是非常有价值的，但是如果他们不能发自内心地成为合作文化中的一员，那鹰派也可能从内部摧毁整个团队。

想想我们在招聘实践中积极拥抱鹰派会发生什么：我们会对求职者进行排名，雇用其中"最好"的一个，把他扔进团队里，然后让团队成员成为自相残杀的"鹰"。恭喜你，你已经在自己的公司里激活了一种达尔文主义的个体选择（individual selection）模式——适者生存——而这可能非常不健康、非常残酷而且效率低下。

鸡蛋业领域中有一项有趣的实验，它展现了鹰与乌鸦在生产力方面的区别。就像所有正经生意一样，蛋鸡产业也总是在寻求增加鸡蛋产量。为了培育出一群超级蛋鸡，普渡大学的威廉·缪尔博士参考了微软的员工排名逻辑，决定把最好的蛋鸡放在一起，剩下的就抛下不管了。缪尔挑选出了产蛋量最高的母鸡，把它们集中放在同一个鸡舍里，然后让这些产量最高的母鸡继续繁衍下一代。结果如何呢？——他那群可怜的母鸡死亡率高达89%。

这些母鸡之所以每一只都能成为最好的产蛋鸡，是因为它们都具有极强的攻击性。可一旦人们把它们放在一起，它们就会展开致命的同类相残。它们撕扯着彼此的羽毛，凶狠地啄击着裸露的皮肤，侥幸活下来的几只也都受了重伤。这是一群披着鸡毛的"鹰"。

这些超级母鸡不仅不会为了群体的利益而努力，反而更愿意去积极扼制他人的生产力，它们是以其他个体为垫脚石才爬到顶峰的。如果最终只有"鹰"能留下来掌管我们的家园，那对所有人而言都是灾难。

为了维护我们工作环境中合作的文化与氛围，传统的等级结构也是需要被打破的。等级制度会孕育出内部竞争，迫使团队中的鹰派将注意力集中于如何在组织内部获得地位。结果就会像上文中的母鸡一样：所有人都为了赢得更高的地位而争斗不休，所有人都忙着互相践踏，而不是关注外界真正的竞争对手。

山顶上的雄鹰

建立等级是我们的大脑会自然而然、迅速完成的事情，因为这可以帮助我们省下为每一块面包渣都争斗一番所花的时间和精力。但是它也只能在特定的情况下发挥作用，那就是在建立和维持等级都有明确且一致的标准的时候，以及在"家庭"或组织中的每一位成员都有无限制的机会来谋求最高等级的情况（最高等级的席位没有限制）下。

就在微软忙着分化自己的员工时，它的主要竞争对手苹果却采取了完全相反的做法。苹果不仅不进行员工排名，反而极度依赖扁平化的组织结构和提倡高强度合作的企业文化。让概念依照顺序在工程、设计和营销部门之间传递的传统流水线模式,在苹果公司早已不复存在。取而代之的是每个部门的代表同时致力于创造一个集成性的产品。

在"商业内幕"(Business Insider)网站上一篇对这一电脑巨头的报道中,苹果公司的前承包商布兰登·卡尔森表示,虽然乔布斯天性专横,苹果的企业内部文化却重视并鼓励合作的氛围。"你的工作是要经过同行审查的,"卡尔森说,"我们必须把自己的工作成果在团队面前展示,并听取团队的反馈。"另一位不愿透露姓名的知情人告诉"商业内幕":"(苹果的)核心理念是你是远比自己更宏大的事物的一部分。你在报告厅里阐述的理念、你发现的CSS(层叠样式表)实用小技巧、全新的整体加工技术,这一切都是你工作的一部分,是你领着工资为了整个苹果公司的成功所做的事情,而不是你发在博客上用来满足自己虚荣心的东西。别把所有人的努力搞砸了。"

苹果公司有效利用了人类强烈的归属感本能。它让内部的团队尽量维持较小的规模,并要求成员保守秘密(因此上文的消息来源才是匿名的)。员工面对的竞争并不是对头衔或者等级的争夺,而是让整个组织变得更好的挑战。所有人都在努力升上"头等舱"。

苹果还做了一件不同寻常的事,而它揭示了我们归属感本能的另一个重要方面:有时身为领导者,必须愿意去扮演员工共同敌人的角色,好让团队更加紧密地团结在一起。我们必须去扮演这场游戏中的"老鹰"。在苹果公司内部,对抗并不是发生在员工之间,而是员工与上司之间。

史蒂夫·乔布斯的急性子和坏脾气是出了名的。他可能随时都会突然对任何一个等级的员工发起严厉的挑战，考察他们是否拥有在苹果工作所需的素质。Mac（苹果个人电脑）团队创始成员之一黛比·科尔曼对《哈佛商业评论》表示："乔布斯会在开会时破口大骂：'你们这群蠢货什么事都干不好。'"然而同样是根据科尔曼本人的说法，她和那个团队中的其他成员都认为，能为乔布斯工作的自己是全世界最幸运的人。乔布斯很愿意承担敌人这个身份，因为他都很清楚自己对不完美的不容忍会促使他的团队成员团结到一起。他的目标是创建一家由想法而非等级制度主导的公司。只有最好的想法才是可以接受的，而为了将这些最好的想法传达出去，就需要一个由优秀成员——或者说非常具有才华的"乌鸦"——组成的完整团队来协调运用他们的技能。

我的导师史蒂夫在自己的实验室里运用的正是这种技巧。而克莱姆森球队的霍华德教练在上场前告诉球员们，如果不能付出110%的努力，就别拿脏手碰石头，其实也是上述技巧的体现。

鹰派身居顶层有时能起到很好的效果，但其他试图模仿这种强硬作风的人往往会发现，真正至关重要的是搞清楚什么时候可以扮演鹰的角色，什么时候应该改变战术。我很能理解许多员工在乔布斯身边会感到畏惧。我自己与导师一同工作的时候也想拿出最好的表现。但是我也永远不会忘记，在我参加博士学位口试的时候，史蒂夫站了出来，和评审委员会里一个不停问我荒谬问题的委员直接对峙。史蒂夫对他说："如果你当混蛋当够了，那我们就到此为止吧。"从那一刻开始，史蒂夫·舍希就赢得了我永远不会动摇的忠诚。他可能在我们绝大多数互动里都是一只"鹰",但是一旦有外部威胁出现,他又是第一个站在我身后支持着我,并把他尖锐的喙转向外敌。

好好运用博弈论

我们做出的绝大多数决定,都是由恐惧或者互惠所驱动的,而在一定程度上,互惠也可以说根植于恐惧。比如,互惠可能的唯一原因就是我们畏惧不进行互惠的潜在后果。"如果你帮我,那我就帮你"是合作行为的强大推动力。如果我们观察乌鸦的行为,就会发现它们愿意为了群体的利益而牺牲一部分进食时间。这些乌鸦明白,这种进食时间上的牺牲(帮了其他成员一个大忙)会带来好的收益:它们可以在晚些时候更有效率地饱餐一顿。

支撑这一事实的,是一种被称为博弈论的数学模型,乌鸦正是充分利用了这个模型。博弈论模型揭示了在特定的情况下,有意识思考的个体应当做出何种行为才能使自己的个人利益最大化。这种利益可能是实实在在的,比如得到加薪或更多的假期;也有可能是更为抽象的东西,比如权力、幸福或获得爱人的关注。

设想一下,在充斥着鹰派文化的职场上,博弈论会有怎样的运用。这里所有鹰派员工都在彼此竞争,并且愿意通过一切手段来提升个人的地位。将个人竞争的收益用直观的方式表示出来会比较有助于理解,所以让我们把收益用任意数来表示:假设5分是获得胜利的潜在收益。如果在任意互动中，团队的一名成员以鹰派作风对待了另一名成员（比如通过在同事背后"捅刀子"来获得晋升），那么这名鹰派成员就获得了收益，同时也对更有合作意愿——或者说更"鸦派"——的成员造成了伤害。到目前为止，"鹰"和"乌鸦"的比分如下：

鹰 =+5
乌鸦 =0

如果这名"乌鸦"成员被这段互动激怒，决定也采取鹰派作风又会怎样呢？在下一次互动中，他和那名鹰派成员都像"鹰"一样行事，互相诋毁，直到给所有人都造成损失为止。这么一来，两人最终可以平分那5分的资源，但是这对双方来说都是要付出代价的，因为争斗让他们（在身体或名誉上）受到了伤害。他们为了超过彼此而做出的努力只能阻碍项目的进展，最终让他们二人的形象在整个团队面前都显得很难看。此时的收益更接近于：

1号鹰 =+2.5（平分得到的资源）-3（争斗带来的损失）=-0.5（总收益）

2号鹰 =+2.5（平分得到的资源）-3（争斗带来的损失）=-0.5（总收益）

即便"鹰"的确得到了靠争斗抢来的一部分资源，争斗本身的成本和它产生的持续消极情绪终究会不可避免地让这只"鹰"陷入净负的状态。

那么,如果团队中的人们不再追求崇尚个人主义的鹰派策略,而是更多地像乌鸦一样相处,又会发生什么呢?这种思维方式依赖于有目的地生成一种强烈的群体归属感。人的归属感越强,就越不容易像鹰一样行事。

从个体角度来看,这种情况下最初得到的收益对于鹰型人士来讲可能不怎么诱人:

1号乌鸦=2.5
2号乌鸦=2.5

"乌鸦"们会平均分配资源,而无须产生任何争斗带来的损失。

可是既然有完整的5分资源可以争取,为什么要只接受其中的一部分呢?为什么在收益看起来似乎更少的情况下,还会有个体愿意与他人合作呢?诀窍就在于把视角拉远,看到不同级别的竞争带来的潜在收益。

乌鸦进行内部合作(而不是争斗)的时候并不只是躺下装死。它们只是把战斗力留来应付正确的竞争对手。这听起来似乎有悖直觉,就像在其他乌鸦进食的时候留在一边当哨兵听起来也不像是个好策略一样。然而通过积极互惠,总收益要多得多。成为"赢家通吃"的鹰的诱惑可能会驱使我们采取快速解决方案,但这只能让我们相对领先于内部的竞争对手而已(这还是在的确有

"领先"可以实现的情况下。)

假设一家新创立的公司中有这样几个团队：A队完全由"乌鸦"组成，所有成员团结协作来共同推进激动人心的新项目，而不考虑个人的报酬或者利益。作为一个整体，全队得到的总收益是2.5。没有巨大的个人收益，也没有巨大的个人损失。需要澄清的一点是，这个假设中并没有排除掉等级的存在。显然会有一些"乌鸦"有权获得更大或更小的份额，但最终，资源还是合作分配的，分配中不涉及挑战。每个人都了解自己的贡献水平。

接下来的B队是由"鹰"与"乌鸦"混合组成的；而C队则是完全由"鹰"组成的，所有人的行为都有着很强的竞争性，每个人都想抢在对方前头。B队和C队负责的项目进展可能是断断续续的，因为团队中涌现的领先者会通过把竞争对手踩下去来让自己的表现看起来更好（就像是把提出创意的功劳完全据为己有，或者为了在潜在伴侣眼中显得更有吸引力而诋毁朋友）。这时，团队的总收益将接近-0.5。有些个人的确获得了收益，但是另一些人会蒙受损失，而且所有人都在对头衔、认可、地位和等级方面的资源进行零和博弈。换句话说就是，他们争取来的每一项收益都伴随着争斗或者竞争带来的成本。这两支团队注定不可能毫发无伤。

那么如果A队（全是"乌鸦"）和B队（混合队）或者C队（全是"鹰"）直接竞争，谁会获得胜利呢？我希望读到这里的各位能一眼就能看出来答案是A队。

在自然环境中也同样如此。下一次看到成群的乌鸦在空中对抗孤鹰的时候，你不妨多留意一下。如果你看到乌鸦成群结队地鸣叫盘旋，那往往就是因为它们在团结一致地驱逐来犯的老鹰。同样，在我们假想的初创公司中，不论是B队和C队都完全没有机会。让100只鹰和100只乌鸦对阵，乌鸦会通过系统且协调的共同努力，以不逊于任何大型猛禽的战力击退每一只鹰。而鹰却只会忙于关注自己的需求，以及争夺优先进食的权力。英语中的"murder"（这个词也有"谋杀"的含义）可专门用来指"一群乌鸦"，这可绝对不是巧合。

在群体层面上——不论是在生物学、商业还是生活语境中——只有合作才能取得胜利。当员工和各类团队理解了合作的力量，以及如何以最有效的方式竞争时，他们就能通过合作来粉碎竞争者并主宰市场。而收益也就会在此时以新合同、升职和奖金提成的形式滚滚而来。团队受益了，其中的每一个个体也会受益。最初我们在团队层面上得到的较小收益，如今也终于十倍返还到了个人层面上。

付出即所得

乌鸦向我们演示了"互惠更新"（reciprocity renewal）这个概念——一种持续付出的天赋本能。互惠更新就是认识到有所付出并不意味着拥有的更少。实际上，互惠之所以能生效，就是因为它能带来更新。互惠不是一块越分越小的馅饼。实际上恰恰相反，如果一位无私的领袖可以将力量赋予他身边的人，那么他最终会发现自己拥有了更强的力量，他的团队运转得也更为有效，而这也会巩固他的领导地位。东北大学的大卫·德索托（David DeSteno）博士的实验室进行了一系列巧妙的实验，并揭示出如果被试者拥有感恩的心态，他们在进行商品交换时的慷慨程度也会上升25%，而这又会让他人心生感激，从而创造出一个积极的反馈循环，让团体中的每一个人都能获益。

在一个富足的环境中，他人得到更多并不代表着留给我们的就少了。本能让我们相信很多东西——比如权力、金钱和爱都是有限的，然而真相恰恰相反。它们都是可以更新再生的资源，将这些资源用于在合作的"乌鸦"之间建立互惠关系，就能确保它们一次又一次地更新。

我们的生理机制早已为我们设定好了互惠的本能：如果某人为你做了什么事，你会感觉欠了对方一个人情。你可以运用这种天生的生理机制进行日常的互惠实践：不妨每天一次地"牺牲"一点你的时间，或者你的金钱，又或者是你的注意力——而这或许是这三者之中最有力量的。不一定要是什么了不起的奉献，也许只是在街上停下来帮助一位看起来好像需要指路的陌生人。不过接下来这一点会比较棘手：你不能期待任何奖赏。

我们的大脑会因为对奖赏的期待而释放多巴胺。如果奖赏迟迟没有到来，飙升的多巴胺水平就会急剧下降，让我们感觉痛苦不堪。回忆一下上一次你对工作晋升有着很高期待的时候，或者盼望着特别的那一位一定会送给你生日礼物的时候。如果晋升最终落到了其他人头上，或者你收到的并不是自己想要的礼物，那么你一定是深感失望吧。

然而，如果你能训练自己的大脑不去期待奖赏，那么当奖赏到来时，令人惊喜的互惠性会给我们带来更多的多巴胺刺激，这远比我们获得期待中的升职或者礼物而产生的刺激强烈得多。

还有一种方式可以用来激励我们抑制期待奖赏的鹰派本能：事实证明，如果我们为他人做了好事，这种行为本身就会给我们带来多巴胺奖赏效应。研究发现，给予的行为会让我们感觉更加快乐，并增加我们在不久的将来再次做出类似善举的概率。积极的反馈循环是通过我们对幸福的内在衡量来加强与维系的，而非依赖于他人不甚可靠的奖赏（因为不一定会有奖赏）。

如果每天抽出30秒的时间进行反思，并用自己哪怕是微不足道的方式为现实世界做出积极贡献，你就已经开始抑制大脑中那种认定资源稀缺的思维方式了，也正是这个思维方式迫使你做出鹰一样的行为。你不再反复想着世界亏欠了你什么，而是开始看到你的行为如何能为自己的心情和身处的社群做出积极的贡献。你不再会对期望没有实现或者没有收到礼物感到失望，你只会在与奖赏不期而遇时感到真正的喜悦。你会逐渐意识到，生命中那些最有价值的东西——比如合作、爱、归属感，以及决心——实际上都是可更新的资源。俗话说，"种瓜得瓜"，而事实会一遍又一遍地证明这一点。

身兼社交媒体大亨、企业家和"葡萄酒图书馆"（Wine Library）CEO的加里·维纳查克，在博客里记录了一段他在暴风雪中给一户人家递送一瓶低档葡萄酒的经历。这是个成本很高的决定，但是在维纳查克的叙述中,他得到的奖赏是远超预期的、多巴胺大量分泌的美好感受,因为他完成了最高质量的客户服务。而接下来他又得到了另一份意外之喜:那家客户的儿子对这次服务实在是太满意了,以至他几个星期之后下了一笔大订单。做正确的事不仅本身就能带来奖赏效应,有时意料之外的次级奖赏能进一步推动积极的循环。

培养"鸦性"文化

在你所处的众多团队中建立起互惠合作的关系,可以让这些群体获得指数级别的成长,这不仅体现在物质财富上,更体现在宝贵的无形财富上——比如社群精神、合作精神、归属感,以及忠诚。

广泛的研究表明,强大的社会联系是过上更好、更有成效的生活的关键。而这可以从一个最基本的信任关系开始:我帮你一个忙,你也该还我一个人情。从1938年开始,哈佛大学的研究人员就对268名大学二年级学生的健康和幸福状况展开了纵向研究。到目前为止的主要发现是什么呢?就整体而言,人际关系良好的人要比社会关系不佳的人更幸福,也更健康。没有比这一点影响更大的因素了。不论是金钱、名声、房产数量,还是一次能吃掉几条糖果,都没有这样的影响力。

幸福的秘诀从来就不是资源(比如房子、跑车、性伴侣)的过度累积,幸福来自于合作带来的互惠。换句话说,在志同道合的"乌鸦"群体中更能找到幸福。

从生物学上讲，我们的多巴胺系统实际上是因为合作互惠的行为而奖赏我们的，如果我们有机会在把钱留给自己或者捐给慈善机构，那么其实这两种情况会点亮我们大脑中同一片快乐区域，这表明给予的确能给我们带来良好的感受。实际上，《科学》期刊曾发表过不止一篇研究报告表明，把钱花在自己身上的人不如把钱花在别人身上的人快乐。在这个富足的世界里，一个接一个的研究纷纷证实，给予、合作、为他人提供支持会让人感觉更好。

建立归属感文化需要时间和信任。但是鉴于我们天然就倾向于遵循互利互惠的规则，我们就更应该充分利用这项天然优势来推动自己和他人的归属感本能。我们与他人之间的互惠性越多，我们就会越信任身处的群体，越愿意与他们合作。

建立合作与信任的一种有效方法就是在你与同事、队友、邻居和朋友之间建立起家人之间那样的纽带。为什么很多成功的领袖和员工相处得像家人一样，大家能一起朝着同一个目标努力？或许正是因为他们知道我们必然会信任自己的家人。

高度亲缘关系意味着如果你欺骗自己的兄弟，从他手里偷了东西，那么基因上就等于你也欺骗了自己。因为你与兄弟姐妹和父母之间有着50%的亲缘关系，无论你从兄弟姐妹或父母那里拿走了什么，都相当于你从50%的自己身上拿走了一样的东西。从严格的遗传学角度来看，如果他们输了，那么你其实也输了，而他们的胜利也同样与你分享。比如一位兄长为了让弟弟得到晋升而放弃某个职位，这乍看之下像是一种利他行为，但是失去晋升机会的兄长会因为与得到晋升的弟弟之间的亲缘关系而获得好处。换句话说，如果你和赢家血脉相连，你也同样是赢家。

对于想要在员工之间促进合作和无私奉献精神的企业来说，营造如同家庭一般的氛围是十分明智的。最简单的方法之一就是建立一套通用的企业传统，每个人都可以选择参与其中：比如一个月一次的保龄球之夜、每年二月的"朋友感恩节"办公室聚餐（为什么不呢？）、试着一起在社交媒体上拍视频、组织户外远足等等。

在阿奇博尔德生物研究站的时候，我们把每个周一晚上固定为"家庭晚餐"时间，所有组员轮流负责做饭和打扫。我们不仅能在聚餐中吃到各种各样的美味菜品，收拾好碗盘之后我们还会重新回到餐桌边聊天、讲故事、唱歌、演奏乐器，就这么一直玩到深夜。

有时，即使是愚蠢的传统，也会帮助员工产生一种所有人在共享一个内部笑话的感觉。智能卡国际公司（Plasticard-Locktech Internal）会举办"搞笑大奖之夜"，给这一年里发生的最好笑的蠢事颁奖。而在咨询公司"人类动力"（Human Dynamics），每天下午3点，全体员工都会坐在椅子上旋转30秒，用笑声驱散午后的疲倦。而我最喜欢的公司传统则来自俄勒冈州波特兰的"红宝石接线生"（Ruby Receptionists）公司：所有员工每周五都会按照指定的主题打扮一番来上班。迄今为止，从派对专用帽到灵感来自于网络表情包的奇特装束，他们都一一尝试过。

这样的活动在各种群体中都会发挥良好的效果：不论是学校的"穿睡衣上学日"、保龄球队的"疯狂帽子日"，还是邻里街区派对，都服务于同一个目的。你自己所属组织内的传统活动具体采取何种形式并不重要，只要所有人都感觉自己被接纳，感觉自己受到了邀请，并且可以参与进来就好了。不过，这里可能会像走钢丝一样难以平衡的是：因为没有人想要被强迫着参与活动，所以重要的是一方面对传统进行鼓励推广，另一方面让它保持有机地发展。不过在欢乐时光中建立起同志情谊必然会有所回报，也能支撑着你的"部落"度过艰难时期。

为了让员工的能力获得最大的发挥，需要让他们产生对组织本身真正的归属感。这也往往是员工所有制公司非常成功的原因——美国国家员工所有制中心（National Center for Employee Ownership）的研究表明，员工所有制公司比他们的行业内竞争对手公司表现更好，人事调整率也明显更低。

员工持股比例约为13%的美国西南航空公司非常明白家庭意识的重要性——尤其是在遭遇困难的时候。它的年度传统包括在每年的3月15日发放数百万美元，这是它利润分红计划的一部分。而正是这种对家庭文化的强调，让西南航空在"9·11"事件后乘飞机出行的旅客大量减少的情况下得以存活。许多航空公司都在那段大滑坡时期纷纷裁员，但西南航空没有放弃任何一名员工。相反，公司的创始人赫布·凯莱赫要求领导团队共同减薪，从而帮助他们的"兄弟姐妹"保住饭碗。而令人惊奇的是，他们在2001年的第四季度仍然成功赚到了钱。就像他们可以共患难一样，西南航空按时把1.79亿美元投入分红计划，供全体员工共享。

领导者可以通过首先表现出做出"鸦式"行为的意愿来打破鹰派行为模式，促进互惠合作。领英的CEO杰夫·文德尔在2016年公司股价大跌的时候就是这么做的。他并没有趁机将自己的1400万美元的股票红利兑现，而是把这笔钱交给了员工，从而大大提升了公司内部的士气和归属感，让员工撑到了股价估值回归到接近原先水平的时候。

如果处理得当，有时也可以通过危机在同事之间建立紧密的联系，让他们感觉更像是一家人，并且更愿意为了彼此的利益做出牺牲。新冠肺炎疫情期间，全世界的公司都得到了一个团结一致挽救员工工作的机会。在出版业收入大幅下滑的情况下，"嗡嗡喂"公司削减了几乎所有员工的薪水，CEO乔纳·佩雷蒂则拒绝领取自己的工资。其他来自不同行业的组织也纷纷效仿。思科的CEO查克·罗宾斯接受彭博新闻社采访时表示："我们积极投身社群，试图帮助那些被疫情所影响的人。我们怎么会再主动让问题变得更严重呢？"从减薪到批准假期，几乎所有在疫情期间蒙受损失的公司都做出了各种让步，所有公司都在努力维持的同时尽量保全自己的员工。

如果没有明确的归属感，员工就很容易在公司遭遇危机时转变成"鹰"，开始拼命攫取那些他们作为个体可以得到的东西，从而导致整个组织最终倒闭，全体员工也因此失业。

（不再）误入歧途

表现出脆弱和慷慨也可能让他人做出互利互惠的行为，打破鹰派作风的循环。1980年,密歇根大学教授罗伯特·阿克塞尔罗德请博弈论理论家通过在不同语境下提出或合作("乌鸦")或竞争("鹰")的方案来彼此竞争。随着这些策略方案被放在一起彼此竞争,一定的模式也很快浮出水面。阿克塞尔罗德发现,最具破坏性的模式出现于"乌鸦"在互动中被误解为"鹰"的时候。这种情况下对方会为了自卫而将行为转向鹰派,而被误解的一方也会像鹰一样行事——即便他其实是"乌鸦"——于是鹰派的破坏性行为就会持续不断地给双方造成损伤。

我们总是会发现自己在工作和生活中被困在近似的模式之中:某个人发现了一处错误,而我们既不会去原谅,也不会就这个问题与他人对峙,我们只会调整自己的行动去适应这种失误。这就把我们锁定在同一种破坏性的模式之中。我最近与俄亥俄州的20名CEO组成的密切团体进行了一次研讨会。当我开始对他们的某些观点发起挑战时,我发现一位男士将身体向后靠去,双臂交叉,皱起了眉头。在这种研讨会上,我通常会要求参与者积极挑战我提出的理念并就其发起讨论,而从这位的肢体语言来看,我知道自己是有一场嘴仗要打了。

果然,那位男士向我开炮了,反驳了我之前提出的一些想法。而本能也突然掌管了我的行动,让我对他发起了反击。接下来的大部分时间也都是这样过去的。我们的讨论变得越来越激烈——快变成私人之间的吵架了。我依然清楚地记得自己在休息期间观察着他,对他的道德品质产生了很多不友善的想法。我积极地避免出现在他周围,而且我也留意到他在用同样的做法回敬我。我们两个都在用微妙却尖锐的方式抵制对方。

那一天临近结束的时候,我给参与者布置了一项练习,要求所有人都必须大声说出一个自己在这次研讨会上得到的收获。会议室里人们轮流发言,带来了大量的积极反馈,直到轮到这位男士发言。

"你知道,今天大部分时间里我都不怎么喜欢你。"他说。果然是这样。我一向为不需要他人的"喜欢"而自豪,只要我能将价值观传达给他们就好。但是这么一句评价还是触动了我的神经,它也完全偏离了当下的主题。这是毫无必要的冒犯。我原本已经做好准备要回敬他一番了,然而谢天谢地,我在话语冲出唇边之前发觉了一丝转变:坐回去后他改变了姿势,重新将身子向前倾。虽然还皱着眉头,但我留意到他的嘴角微微上扬了一点。我的回应在嗓子里哽住了,而他继续说了下去。

"但是我错了。你说的话让我有所戒备也很生气,所以就把这怒气撒在你身上了,因为这样比审视我自己的行为要简单一些。"那位男士如是说。我感觉自己悬着的心落回了肚子里。这一整天里我都没有对他机智的评论做出过任何表扬,因为每次和他打交道,我都会忍不住要跟他对抗。我没能以自己应有的水平来领导这个研讨小组,因为和这位男士有过一次接触之后,我就把他在讨论中提出的所有有价值的观点都斥为肤浅或者无礼了。但是对方的态度一软化,我自己的防御也立刻就崩塌了。这一天结束的时候,我们满含热泪地拥抱在一起,感谢能从彼此身上学到宝贵的一课。

表现出脆弱是很有挑战性的。没有人想被他人当成软弱的存在，或者被他人随意利用。但是正如畅销书作家布琳·布朗教授指出的那样："脆弱无关输赢，它是指我们勇于展露自己对结果的无法掌控。脆弱也不是弱点，它是我们勇气最好的象征。"那么，我们怎样既在自己所处的社群中更能表现出脆弱，同时又保有"老鹰"来犯时足以自卫的力量呢？我想我们需要更细致地审视一下定义归属感边界的方式。

寻找一个共同的敌人

我真的很希望自己能够告诉各位，我们的大脑内部是一处非常和谐、平和的地方。然而真相当然完全不是这样。我们的大脑一刻不停地划定着与敌人的边界，而这又通常是围绕着熟悉程度和基于帮助的意愿展开的。虽然这些边界在确认谁是部落之外真正的敌人这方面一度非常有用，但是在我们这个边界脆弱的现代社会，这种本能很快就会变成同事或部门之间不必要的争执，让人忽略了大局——其实我们都是在为了实现同一个目标而努力。

不过我们依然能让这种本能为自己所用。

为了抵消我们边界本能的消极因素，我们必须有意识地重新划定足够坚实的"敌人"边界。不要根据熟悉程度或者暂时的好感度来界定谁是敌人，而是根据如何能够明确地抵御团队内部的竞争来划定出敌人的边界。请想想我们是如何根据支持哪一支运动队伍来划定边界的：我和你可能在一些问题上无法达成一致，比如这个球应该由谁来传，那次得分的尝试又是不是有必要，但最终我们还是会为了同一个结果欢呼雀跃：我们希望自己支持的球队——那是我们自己的"部落"——取得胜利。

我是波士顿红袜队的忠实球迷。每次走进芬威球场，我都能一眼看出谁和我是一个"部落"的同伴。大家都穿着颜色"正确"的衣服，戴着"正确"的队标，为那支"正确"的队伍加油助威。我会和他们一道喝酒，一起击掌庆祝，甚至愿意拥抱完全不认识的人，就因为他们穿着代表球队的红袜子。当然，我也能立刻分辨出谁是我的"敌人"：那些戴着纽约扬基队帽子的倒霉蛋。我对那些扬基队的球迷自然怀有恶毒的仇恨——当然，这其中也包含着相当程度的幽默。不过所有喜爱体育的人都很清楚，没有比在对抗赛中击败宿敌更爽的感觉了。也没有什么比一个明确的共同敌人更能把一个群体团结在一起的了。

几家大企业已经发现了这种建立归属感的有力方式，并且成功地对它加以利用。请想一想，下面这几家企业的共同敌人分别是谁：

可口可乐
麦当劳
Mac

大家应该很轻松地答出百事可乐、汉堡王，以及其他所有做电脑的企业，是这样吧？如果企业能够迅速且明确地找出一个共同的宿敌——在自己的企业之外找出一名竞争者——它就能有效利用这种本能。不然，它就会促使我们的大脑将整个部门的其他人界定为"敌人"，对他人的好主意发起挑战，或者专注于从自己所处的团队中挑选出"他者"。

然而即便如此，挑选共同的敌人时也要分外谨慎。万一这名对手突然变成团队的一员怎么办？（想想泰弗尔的最小群体范式实验中那些被试人员，虽然最初的分组完全是随机的，部分成员被调到新的团队以后还是遭遇了歧视。）此前你强加于他们的负面关联和联想是很难战胜的。

所以，与其选择将实体的"他者"妖魔化成反派，不如让这位公敌更加抽象一些。比如 Mac 并没有把一般的个人电脑当成共同的敌人，而是瞄准了一些抽象的要点：糟糕的设计、笨重的外观、无趣、保守思维。以这些为共同敌人的苹果开启了一个属于丰富多彩的 iMac、iPod 和 iPhone 的时代，更收获了一群信奉"不同凡'想'"这一理念的狂热追随者。

在这里，我想给各位讲一个关于共同敌人的故事，它的主角是一名在医院工作的维修工。有一天，这名维修工正在修理一扇松动的门，一个陌生人走了过来问他："你在做什么？"这个工人原本可以给出这样的一些回答："我在修理这扇门。""我在干老板安排的工作。"或者干脆表示："这关你什么事。"

然而，他却如此答道："我们这家医院的理念是要尽一切努力来减轻患者的痛苦。推着患者通过这片区域的时候，这扇门会发出嘎吱嘎吱的声音，让病床上的患者感觉不舒服。所以我在尽量帮助我们的患者感觉舒服一点，也就是说，我是在减轻患者的痛苦而已。"

他的答复抓住了一个能对本能执行完美干预的组织的精髓。这家医院创造了一个强大而抽象的共同敌人：患者的痛苦。试想如果一家医院中全体维修人员、外科医生、护士和麻醉师都拥有一个共同的敌人，那么这个组织将会变得何其强大。你会选择什么作为共同敌人呢？通过深思熟虑来有意地创造一个外部的共同敌人，你也能构建出紧密团结的团队。

让身边的人通过献出自己的最佳状态来促使我们也做到最好，这对所有人来说都是一种健康的状态。从橄榄球队到研究机构，再到办公室里的合作团队，只有团结一致才能变得更加强大。

关键点

- 运用最小群体范式在组织中建立积极的联盟。
- 记住"获胜"并不意味着其他人就一定要失败,这并不是零和游戏。
- 通过建立组织传统来营造家庭般的氛围。
- 关注外界的共同敌人。
- 拥有足够的脆弱性,从而能勇于承认自己可能犯下了错误。
- 创造一种基于互惠更新的家庭感。
- 模仿乌鸦的行为。

第六章

对他者的恐惧：为什么陌生人始终是危险的信号

多年以来在我的脑海中始终挥之不去的，是我在佛罗里达普莱西德湖附近占地5200英亩（约21平方千米）的阿奇博尔德生物研究站最初的一段体验。那一天，我看到一个身穿防护服的高个子男人站在佛罗里达灌木丛林中间，这是一处极度濒危的自然栖息地，其中栖息着19个联邦政府认证的濒危物种。那人左手拎着一把滴液式点火器，他刚刚用它点燃了这里几十英亩的资源宝地。

对于"理解火灾生态学的生物学家"这一群体之外的人而言，此人的举动看起来无疑是彻头彻尾的恐怖行为，而这个人就是个禽兽，更是个巨大的威胁。如果不能理解某种外观、文化或者行为，那么我们出于本能的第一反应就是对其进行贬损。这就是我们"畏惧他人"这一本能的全面体现。虽然看起来很可怕，但上文提到的那个人并不是在摧毁这片生态系统——他是在努力挽救它。我后来得知，此人名叫谢恩·普鲁厄特（Shane Pruett），他是这里的博士后学生，也是一名训练有素的志愿者，他参与的计划烧荒对这片独特栖息地的土地管理有着至关重要的作用。

在佛罗里达州的历史上，雷击起火时有发生。随着人类逐渐在这片土地上定居，自然栖息地变得支离破碎。为了防止民居和农场被烧毁，可以保护自然栖息地的天然火灾往往被迅速扑灭。而如果没有这种常规出现的天然火灾，佛罗里达州灌木丛林地的生物多样性很快就会遭遇严重的威胁——如今，佛罗里达州只有10%的灌木丛残留。有时即便本意是好的，我们却还是会错误应对乃至消灭掉自然环境中某些至关重要的元素。在灌木丛林这个问题上，缺乏火灾反而几乎是灭绝的代名词。

我们的社群和职场也以一种不可思议的方式反映着大自然的教诲：我们需要各种不同的元素来维持并改善系统。

反映在商业中的生物学

对于如今的公司或者领导者来说，多元化的重要性早已无须多言。麦肯锡咨询公司2018年、《哈佛商业评论》2013年以及领导力绩效公司"Clover-Pop"2017年的报告分别发现，更多元化的公司：

- 获得更高财务收益的可能性增加35%。
- 抢占新市场的可能性增加70%。
- 做出明智决策的能力提高87%。

花旗集团2020年的一份报告显示，美国的整体经济在过去20年的时间里损失了大约16万亿美元，因为它没对黑人社区在小企业贷款、高等教育和住房贷款等方面遭受的不平等待遇做出纠正。

然而，即便有了如此确凿的证据，以及更多定期开展的支持性研究项目，我们推动劳动力多元化的进展却还是停滞不前。根据德勤会计事务所2018年的普查，董事会主席职位依然由白人男性主导（91%），白人女性和少数族裔男性所占的比例分别只有4.3%和4.1%，而少数族裔女性的比例是少得可怜的0.4%。根据《纽约时报》2018年的报道，在《财富》500强企业中，仅仅是名叫"约翰"的男性CEO数量就多于女性CEO的总数。而在2018年之前，没有一家《财富》500强公司有公开出柜的同性恋女性担任CEO。

尽管美国企业承诺增加董事会的多元化程度，但《纽约时报》2020年的分析发现，"在3000家最大的上市公司的董事会中，白人的数量依旧有着压倒性的优势"。实际上，在这一分析涉及的超过两万名董事中，黑人董事在所有董事会中只占4%，而黑人女性只占1.5%。而我认为，想要改变这种严重失衡的数据，首先要做的就是了解一些基本的生物学原理。

在大自然中，群落的发展有着天然的秩序，而这与商业的运作和组织方式非常相似。因此，自然环境中多元化的有机构成和我们组织中的多元化高度相似。生态群落的产生、发展和变化在生物学中被称为演替。不论是在自然界还是在商界，群落/社群都会不断变化，并且会被外界影响、竞争对手和优先级的转移所干扰。没有什么是一成不变的，但是某种环境会被干扰影响到何种程度也值得考量。

生物学上的演替会自然而然地按照循环运行。一次扰动——比如佛罗里达灌木丛林中的火灾——会对运行的某个阶段进行干扰与刷新。就让我们继续用火灾举例吧，大火会清除很多开始在栖息地中占据统治地位的物种，从而让那些在土壤中休眠的种子有机会发芽，并争取茁壮成长所需的营养。不经干扰的话，任何首先占据这一地貌的机会主义物种都会抢占主导地位，并在生存竞争中迅速淘汰其他生物。在生物学中，这种现存数量最大的物种就被称为优势物种。

你很有可能听说过某种针叶林（云杉或冷杉），或者可能在秋日的落叶林（枫树或橡树）中散过步。这些生态系统的名字都来自于其中的优势物种，因为它们给予所在地貌最显著的景观特征。你不太可能听到别人说起那里的苔藓、蕨类植物、灌木、真菌或者杂草，虽然所有这些生物都存在于这些地貌之中，但它们不占优势地位。

一旦优势物种产生，大自然的演替计划就画上了生物学的"句号"。换句话说就是，新物种很难再获得牵引力，也不可能在没有干扰的前提下超越优势物种。由于营养物质被优势物种所吸收，环境会慢慢走向仅有单一物种的情况，因为其他物种在这片土地上的生存将变得极其困难。其他物种要么不得不在优势物种的阴影之下生存，要么会被挤出去——直到下一次干扰让循环重启，比如谢恩·普鲁厄特用滴液式点火器点燃灌木丛。

那么，这对我们的组织而言意味着什么呢？如果我们想要保持理念的新鲜、资源的流动，同时拥有在飞速变化的环境中迅速适应并繁荣发展的能力，我们必须建立促进多元化的多元文化景观。而这就需要我们首先一把火烧掉我们扑火的本能——我们的优势思维方式。

从美国那糟糕的职场多元化相关数据来看，绝大多数的商业环境都可以很容易地根据其优势人群即白人男性的特征来定义。而结果就是多种"植物群"很容易被能获取更多资源（在自然环境中，资源指的是阳光和养分；而在企业环境中，资源则是面试机会、升职机会、平等的薪资，以及人脉的引荐）从而繁荣生长的"植物群"所挤占，而这只是因为它们出现得更早而已（更不用说还有许多人类文化方面的因素在发挥作用了）。

必须要留意的一点是，优势物种的行为不一定是恶意的，或者有主观故意的排他性，而其他物种也绝非缺乏茁壮生长的素质。在自然生态系统中，即便是非优势物种，也可能瞄准新生的柔嫩树苗，而不是树皮坚硬的成熟树木。

不过在我看来，缺乏对生物驱动机制的理解才是我们的多元化和包容性不断遭遇失败的核心原因，通过破解这些生物驱动机制，我们可以培育出更多元化的生态系统。我们总是会忽视生理上的潜在要素，所以必须去探索这些在生物学上早已成熟的规范、描述和快捷方式，以及驱动着我们的本能。而说到多元化这个问题，深深根植于每一个生态系统中的核心原则都是恐惧他者的本能。

80亿人组成的"部落"里的大问题

在这个全球化运行的世界里,平均每位手机用户通讯录里拥有308位联系人以及338位脸书好友,而我们还是会被和自己不一样的人吓到,这似乎是相当荒谬的。2016年,一项针对美国种族的皮尤(美国的一家独立性民调机构)调查发现,75%的美国白人只会在完全由纯种白人构成的关系网络中探讨重要问题,其中完全没有少数族裔的参与。而美国黑人的情况也与此相似,65%的美国黑人的人际关系网完全是由其他黑人构成的。一旦事关安全感,我们就会自然而然地转向那些可以当成自己"部落"一员的人,转向我们的"优势物种"(虽然真相是不同人种在基因上完全没有可衡量的差异)。

实际上,就大脑的进化而言,我们在身边围绕着100到150个和我们相貌相似、思维相似,并按照和我们一样的文化规范行事的个体时感觉最为舒适。这个人数有时也被称为邓巴数,是作为灵长类动物社会群体的大小与其新皮层大小之间的相关性计算出来的——所谓新皮层是大脑中处理感觉、运动、语言、情感和联想信息的部分。这一数字代表的是我们脑容量大小所对应的维持稳定关系数量的近似能力。这是一个人可以在个人层面上结识的最大人数,也是人们维持彼此联系的最佳人数。

对于我们的祖先来说,任何身处这一稳定关系网之外的人都不是那种可以上门来借一杯糖或者黄油的友善邻居。因为身体的第一要务就是确保我们的安全,所以陌生人——尤其是相貌不同的人——会激起全面的应激反应：这个不认识的家伙可能是为了抢夺我有限的资源和性伴侣才来的。我们的身体会通过增加压力激素来做好准备，因为最好还是要保持安全和警惕。

让我们得以定义并建立归属感的最小群体范式，同样会驱使我们将自己与他人剥离。为了理解这个世界，我们的大脑会迅速地将人划分为各个群体，而划分的依据往往就是诸如性别和种族这样的外在特征。大脑会根据他人与我们的相似性与区别之处来创造相关的叙事，比如安全或不安全、好或坏、积极或消极。鉴于在我们祖先生活的环境中不同群体之间时常发生冲突，我们的大脑能够为保护自身的安全来建立关键捷径无疑有助于我们的进化。这种关键捷径可写成如下等式：

和我们相似的人 = 好的
和我们不一样的人 = 坏的

如今我们的人际网显然远远超出了只认识100到150个人的范围。凭借手中那台小小设备的力量，我们可以和这个星球上的任何人立刻建立起联系。但我们对他者本能的恐惧依然顽固地存在着。

现代的大脑依然会围绕我们认为的"规范化事物"（比如那些和我们相似的人）划定边界。而我们可怜的身体依然会一看到长得和自己不一样的陌生人走进房间就做出高度应激反应（再想想走进房间的那个人面对着一屋子和自己相貌不同的陌生人又会是什么感觉！）。

尽管社会变得越发全球化，上述联想的力量却没有受到丝毫的动摇，我们依然倾向于不公平地对待那些和"我们"不一样的人。随着基因库的混合、文化的不断变迁、实体和数字旅行又促进了理念的交流，我们本应像一支80亿人组成的"部落"一样行事才对，但我们的大脑并不是为了当下这个世界而生的，这也让我们付出了沉重的代价。

有这样一个事例：2018年4月，两名黑人男子走进费城的一家星巴克，在那里等待和他们约好见面的第三人。这两名男子请求借用店里的卫生间，却被告知卫生间只对有消费的顾客开放，而他们两个什么都没点。两人找了个位置坐下以后，门店的店长——一位白人——打电话报了警，那两名黑人男子因为涉嫌非法侵入被逮捕。此后面对着喧嚣的舆论和广泛的批评，星巴克做出了正式道歉，并同时关闭全美8000家门店，时长为一个下午，并在此期间进行反种族偏见培训。这次全面闭店让星巴克公司损失了将近1200万美元，这还不包括公司声誉遭受的严重财务打击。如果当时的店长也是黑人，会有不一样的结果吗？如果是两个白人在店里等着和别人碰头却不点东西，那店长还会报警吗？如果等人的是几个带孩子的母亲又会如何呢？在这个案例中，关键驱动力就是恐惧。

对他者的恐惧不仅来自皮肤的颜色。在2015年发生的两个彼此独立的案例中，西南航空的乘务员都拒绝让某些乘客登机，因为机上其他乘客对这几位表示出了不满。为什么会不满？因为他们担心这几位乘客是伊斯兰教徒。而在另外一个案例中，几位乘客因为交换座位和说阿拉伯语这样的"可疑行径"而被赶下了西南航空的飞机。凯鲁迪恩·马赫祖米（Khairuldeen Makhzoomi）就是这些乘客之一，实际上他既是来自伊拉克的难民，也是在加州大学伯克利分校研读政治学的美国公民。他满眼含泪地对《纽约时报》表示："我实在无法承受，我忍不住开始流泪……他们搜我的身，那些警察，还有警犬，人们都在看着我，这种屈辱让我害怕极了，因为它唤起了我所有不堪回首的回忆。"马赫祖米的父亲是一位外交家，他被萨达姆政权绑架囚禁，并最终惨遭杀害，因此他完全有理由感到恐惧。和他同一趟航班的其他旅客呢？那就不尽然了。一旦我们完全依赖自己的本能，对他者的恐惧会驱使我们不经思考就做出反应，从而丢掉重要的语境信息。

我们的恐惧本能也同样在科技平台上疯狂运转。在优步（Uber）或者来福车（Lyft）这样的打车平台上，黑人乘客被拒单的概率是白人乘客的两倍，等待时间也比白人乘客长35%。哈佛大学的一项研究表明，"爱彼迎"（Airbnb）上，名字上像非裔美国人的租客被房主拒绝的概率，比名字上更像白人的租客高16%。这种冒犯性极高的行为必须为了适应现代世界重新调整。我们不能听任恐惧他者的本能凌驾于更好的判断之上。

为什么只和自己的同类待在一起不是好的做法

从事咨询工作期间，我时常听到这种令人不安的表述："也许大家还是只和自己的同类待在一起会过得比较好。"或者："为什么大家不能各自回到属于自己的角落，然后只和跟自己相似的人打交道呢？"（这样的话可能在有些读者看来非常惊人，但这都是我的咨询电话的真实记录。）这样的孤立主义政策在历史上曾经让很多国家陷入明显的衰退，因为只有多元化的公民群体才能享有合作的价值与技术进步。

如果我们因为可能的不适而主动回避或者忽略公司和社群中的多元化问题，这就相当于我们主动限制了取得最佳结果的可能性。在看接下来的几个例子时，请时刻记着生物学中的一个关键原则：**生物多样性孕育稳定性**。每个学习过生物学导论的学生都会告诉你这条生态上的铁律。这不仅是自然界中的基本事实，也同样适用于日常的生活。

爱尔兰的马铃薯大饥荒就是一个十分具有警示意义的故事。1845年左右的爱尔兰，农业基本上只涉及一种作物，那就是马铃薯。马铃薯是一种十分顽强的作物，但是那一年，一种严重的疾病毁掉了大量马铃薯植株的叶子与可食根茎，使其发黑腐烂。依赖于单一作物导致爱尔兰上百万人或在饥荒中丧生，或被迫背井离乡移居海外。

在现代生活中与此对应的现象并不那么致命，却也同等重要，那就是运用单一的思维方式做决定——假如你的生活圈子和董事会办公室里都只有"马铃薯"。请不要误会，我们当然需要"种马铃薯"，但是我们也需要有意地多"种一些其他作物"，这样才不会因为单一视角占据主导地位而丧失新的理念与创新精神。

工作中的单一文化有可能导致尴尬甚至具有潜在灾难性的错误。本田公司原本准备将经济车型"飞度"（Fitta）引进瑞典市场，这款车的广告词非常可爱："小身材，大容量。"这一切听着都很不错，除了"fitta"这个词在瑞典语里是一个用来表示"阴道"的粗俗词。很明显，他们没有就这一型号的名字咨询过说瑞典语的人士。然而幸运的是，有人在这一车型正式发售之前发现了这个巨大纰漏，这款车在欧洲市场上的名字也自此改成了"爵士"（Jazz）。

多元化不仅有利于企业的公众声誉，身边围绕着想法与自己不同的人也有诸多被证实过的好处。凯洛格商学院的一项研究发现，异质化的团队（由不同种族、年龄、性别以及社会经济背景的人士组成的团队）在解决问题方面明显比同质化团队更投入、更有创意，也更精确。他们愿意相互挑战，同时为问题带来新的视角和背景，这让他们能够更好地解决手边的挑战。只要我们能对抗畏惧他者的本能，就能有效避免将公司置于企业文化可能被单一的灭绝性荒芜毁灭的风险之中。

顺风盲区

我们不合适的偏见也会随着新技术而不断涌现。我最近在脸书上看到一系列这样的视频：白人男子和黑人男子用过公共卫生间后分别试图洗手，白人男子把手放在感应式给皂器下方，皂液立刻喷到他手上。然后黑人男子也试着做了同样的事，给皂器却完全没有反应。在另一个视频里，黑人男子扯了一张白色的卫生纸摊在自己手心上，再把手放到给皂器下面，给皂器立刻正常工作了。这种给皂器的原理是用传感器感应手掌反射回来的光，但是光线会被深色皮肤吸收而无法反射。因此，这项技术对于深色皮肤的人群来说就完全是失效的。难道设计这些设备的公司没想过在自己身边的人群之外做几次测试吗？只要测试池有一定的多样性，那就必然会有人在为时已晚之前发现并标记出这个问题。

我将这种情况称作"顺风盲区"——我们有时会对自己既有的特权视而不见，从而忽略了特权不同的他人在同样的情况下可能会经历怎样的摩擦与挫败。作为一名骑行爱好者，我永远不会忘记自己首次参与100英里（约160千米）骑行赛的经历。我投入了大量时间训练，但是谁又能为在自行车上度过7天做好真正充分的准备呢？骑到50英里折返点的时候，我惊喜地发现自己居然感觉很好。我原本以为这场比赛比这要艰难得多，但是那时候的我甚至连呼吸都没有变得更沉重。然而就在我掉头向终点线进发以后，我才突然意识到一个可怕的事实：有强风向我迎面吹来。之前我完全没意识到身后有风吹着，而现在我每向前骑一下都要面对着狂风的阻力。最后返程的50英里，我骑得痛苦不堪，花费的时间是前半程的两倍。

这段痛苦的经历让我对特权展开了思考。我们很容易认定自己的经历是"标准的"。如果背后吹着顺风，我们完全感觉不到事情变得有多简单。如果整个世界的设计都是在适应你，那你通常都不会留意到这一点，因为所有事都只是按照它们一贯的方式运行而已。

就让我通过一个简单的假设帮助你设身处地地站在他人的立场上思考片刻吧。假设你是占全美人口10%的左撇子之一。下面列出的是一小部分让你沮丧不已的东西，它们并非是为了你这样的人设计出来的，完全没有照顾你独特的需求：

- 课桌（美国常见的那种座椅配翻版式桌面）
- 剪刀
- 电锯
- 照相机
- 厨刀
- 电脑的设置（配鼠标）
- 枪支
- 高尔夫球棒
- 弦乐乐器
- 游戏手柄

如果你是左撇子，你就应该很理解我在骑行比赛中遭遇逆风是怎样的感觉了。你很可能早就意识到这些东西会给你带来困扰，让你的生活变得更复杂。但是右利手的人们基本不会留意到这些，因为他们一直乘着"顺风"前行。

未加留意的顺风盲区可能让企业付出高昂的代价，但是也要明确一点：保证多元化绝不仅仅是规避潜在损失与尴尬的手段。如果我们从全新的视角考量，可能会发现巨大的机遇。就以在1920年发明"肤色"创可贴并将其打造成品牌的邦迪为例吧。让我们花上一分钟的时间思考一下。在超过100年的时间里，强生公司生产的一直是适合白人肤色的创可贴，从而遗留下大量的市场份额（不用说，此举反映出他们完全无视自己非白人的客户群体）。直到2020年6月，乔治·弗洛伊德的遇害在美国各地引发了针对种族不平等现象的动荡，强生才宣布他们会开始生产适合各种肤色的创可贴——这一步来得似乎有些太晚了。2014年成立的创可贴企业"真实色彩"（Tru-Colour），早已赢得了许多不同肤色人群的忠诚——一直以来，他们所受的身体和社会性创伤都处于被忽视的状态。（而且就算严格地以商业的标准去衡量，"真实色彩"也更快地发现了非裔美国人每年1.3万亿美元的购买力，拉丁裔美国人每年的购买力也高达1.7万亿美元——这两个群体都是飞速增长的市场。）

消除雇佣中的偏见

畏惧他者的本能也可能扼杀成长的机会，并让我们错失人才。想一想你自己所处企业中的情况，大多数的决定都是谁做的？做出决定之前有没有听取过各种不同的意见，考虑过不同的视角？还是你的企业实际上也暗含着"饥荒"的风险？希望身边围绕的都是相处起来舒服的人，这是一种进化而来的欲望。但更好的行动是扩大我们的"内部团队"，同时克制自己本能地将陌生人视为危险的冲动,尤其是在这种本能渗透到我们的招聘工作的情况下。

2003年,科学家向在波士顿和芝加哥的报纸上刊登招工广告的公司投寄了内容完全一样的简历。只不过一部分简历上的姓名比较像传统黑人的名字——比如拉琪莎和贾马尔,另一部分简历用的则是典型的白人名字,比如艾米丽或者格雷格。而惊人的是,尽管这些简历的内容是一模一样的,应聘的也是同一个岗位,名字上看起来像白人投的简历收到的招聘方电话比像黑人投的简历多50%。而结合美国劳工统计局的数据来看,上述发现可能就没那么令人震惊了:管理岗位上的黑人(他们更有可能是具体负责招聘的人员)要比白人少50%。

说到这里,我们很有必要暂停片刻来明确一个观点:拥有这种本能并不意味着我们就是坏人。它只意味着我们是普通的人类,而人类的大脑就是为了保护我们的安全而生的。从整体上而言,意识不到本能对我们的行为有多大的推动力算是一种幸运,但这绝不是正当理由。我们有责任做得更好。我们也的确可以通过在招聘实践中活用第二章中介绍的部分工具来做到更好,比如借鉴"鸿沟跨越者"这一类公司的例子,把可能因其而产生偏见的内容从简历上移除,这样我们就不会只对看起来与自己相似的应聘者感兴趣了。

与"他者"共度时光

请你闭上双眼,想象自己正穿过家里的走廊。在想象中看看你墙上的挂画,还有你贴在冰箱上或者放在床头的照片。你都"看"到了什么?现在请你再从起居室里拿一本杂志翻一翻,或者回忆一下自己看的上一部电影或上一个电视节目里的画面。对于大多数人而言,从那些照片和媒体产品上都能看到自己的影子。

干预被恐惧驱动的本能最简单的方法之一,就是把更多的时间花在和自己不同的人身上。这一点也得到了科学的支持。只要接触到一系列形形色色的面孔——不管它们与我们相似还是不同——就会增加我们对它们的喜爱之情。布兰迪斯大学2008年的一项研究发现,持续增加被试者与另一个种族的面孔的接触,可以让被试者的大脑对该种族类别的概括从"眼熟的个体面孔"变成"讨人喜欢的"。接下来,即便向被试者展示来自他们此前已经熟悉的种族的新面孔,被试者对这些面孔讨喜程度的评价也会升高。

这种互动甚至不需要到达私人层面。威斯康星大学麦迪逊分校的另一项研究发现,通过电视接触不同的文化已经足够干预我们本能的误导了。明尼苏达大学的一系列研究用了对同性恋角色有着重点正面描绘的电视剧(NBC电视台的《威尔与格蕾丝》和HBO出品的《六尺之下》)做实验,揭示出看过这些电视剧的被试者反同性恋的偏见会有所下降。

我自己的经历也可以证明与他人的接触对于受欢迎程度的评估是何其重要。我在纽约北部的一个小城区里长大,那里真的是个不折不扣的小地方。你5岁那年在公园游乐场认识的那帮小孩，很有可能就是和你一起从小学读到高中的那一拨同龄人，除非他们——或者你自己——搬到别的城区去。我那一届的高中毕业班差不多100个学生，我认识这里面的每一个人，每一个人也都认识我。这种环境也有它的魅力所在，但十来岁的我真的只想赶紧逃出去！

那时候，社交媒体刚刚开始生根发芽，我记得自己高中快毕业的时候玩过一阵聚友网（MySpace），上大学以后大家就都换成脸书了。结果就是，我和同届毕业的几乎所有同学都在社交媒体上保持着联系。虽然我们这一小群来自纽约北部的白人高中生同质化程度很高，但在政治观点和意识形态领域的分布相当广泛。在2016年那次存在巨大分歧的大选期间，一些高中同学在社交媒体上的行为和观点让我惊恐不已，我总是暗自想着：他怎么可能投出这种票！她难道真的是这么想的吗？怎么会是这样？

我的老同学们发展出了差异巨大的意识形态。但是现在回想起来，我觉得那段时间最有意思的反而是自己的行为。我放任了这些在网上举止可憎的人，只不过是因为我认识他们。我能原谅仇恨言论，并且与这些"朋友"展开对话和辩论，也只不过是因为我们有过共同的经历。如果从陌生人口中听到同样的言论，那我肯定会立刻离开，再也不和此人打交道。

不过我学到了这么一个教训：熟悉的力量既有消极作用，也有积极作用。我们可以利用这一力量来练习运用"没错，除此之外……"这种干预手段，锻炼走进他人认定的真相的能力。与其说立刻对他人的观点予以驳斥，不如把握机会建立同理心，在加入自己的观点之前，首先从他人的视角让对话继续下去。直接用抵制或者公开羞辱来应对与自己意见不同的声音看似更简单，但是努力去更好地理解不同视角下的真相会更加有效，也能带来更好的回报。或许你认定的真相和你的经历并不是唯一的——然而想要明确知道这一点，唯一的方法就是不去立刻避开你圈子之外的人。我们越排斥和隔离那些持不同意见的声音，我们在自己的圈子里就越激进，从而开创一个危险的先例。如果我们能在"没错，除此之外……"的对话中拥抱那些与自己不同的人并与其合作，那么建立共情也就变得轻而易举了。

如果与我们不同的人本来就在我们的圈子里，上文所述的那一点可能就尤其有效了。在我成长的那个小城里，我认识不少对LGBTQ（编注：女同性恋者、男同性恋者、双性恋者、跨性别者和酷儿的英文字母缩略词）人群有着负面观点的人。在我的一个朋友——她也是同一个小圈子里很受欢迎的成员——出柜宣布自己是女同性恋之后，圈子里的这些人就不得不面对两种彼此冲突的"真相"：

1. 艾米是个很棒的人，而且——
2. LGBTQ人群很恶心，不道德，对家庭和社会都是严重的威胁。

朋友的出柜让他们同时支持两种观点的逻辑再也不能成立了。他们必须做出选择：要么认定这个与他们相识多年，并且出于各种各样的理由让他们一直非常喜爱的人再也不能算好人了，要么就承认不是所有属于 LGBTQ 人群的人都是可恶的社会祸害。绝大多数人都能意识到他们的"真理"需要改变了。因为说到底，这位朋友也没有像变魔术一样突然就变成了什么邪恶的人，这个圈子里的人认识的她首先是一个独立个体，而她的性取向也不会给她这个人本身带来什么根本的改变。有些人的思路是这样变化的：

1. 艾米这人不坏，所以——
2. 我想属于 LGBTQ 群体的人本质上应该也不是坏人。

有些读者可能觉得这是伪善，但我称其为后天习得的共情。众所周知，南希·里根是个坚定的保守主义者，但是她在干细胞研究上秉持进步的立场，因为她知道这或许能造福她深爱的丈夫——罹患阿尔茨海默病的罗纳德·里根总统。我们越能主动地与拥有不同观点的人为伴，就越有机会去更好地理解自己坚守的真理，以及真理的更高层面：真理可以为了满足每个人不同的需求而做出调整。这当然并不意味着某些人的观点就不令人厌恶了，只不过我们应该先暂停片刻，运用尽可能多的同理心去了解他们的角度。毕竟，如果我们才是观点令人生厌的那一方该怎么办呢？我们又会期待自己如何被拥抱、被挑战、被接受？

前总统奥巴马时常提及为误解和冲突添砖加瓦的"共情赤字"。"在这个国家，关于联邦赤字的讨论有很多。但是我认为我们应该多谈谈共情的赤字，"他在泽维尔大学的一次毕业典礼的致辞中如是说，"能够设身处地为他人着想，能够通过那些与我们不同的人的眼睛去看这个世界——那些饥饿的孩子、失业的钢铁工人、在风暴中失去了辛苦建立起来的全部生活的家庭。学会站在别人的角度上，透过他们的眼睛看问题，这就是和平的开始。"

不论我们是在为了全球的和平而努力，还是单纯致力于减少职场上团队成员之间的冲突、调解餐桌旁家庭成员的矛盾，拥有同理心都是值得培养的重要技能。它也是干预我们恐惧本能的有效方式。

我心目中的有趣实验排行榜上，2015年的一项实验足以问鼎榜首。科学家团队在实验中测试了学生在不同实验条件下将手浸入冰水时对疼痛刺激的反应。他们对被试者的分配如下：可以独自参与实验活动；可以与一位朋友一起参与；可以与一位陌生人一起参与；可以在双方都服用了美替拉酮——阻断应激激素皮质醇的药物——的情况下与一位陌生人一起参与。每次测试结束后，受试学生都要给自己感受到的疼痛评级。和朋友一同进行实验的被试者给出的疼痛等级最高，说明他们对朋友疼痛的共情提升了他们自己的疼痛水平。有趣的是，服用过美替拉酮的被试者同样也对一同参加实验的陌生人表现出了更多的共情。但是没有服用压力阻断药物，又与陌生人一组的被试者的疼痛反应，就和一个人进行实验的情况没有明显区别了。

不过，这项实验最有意思的部分还在后面：最后一次测试的条件是让两名彼此陌生的被试者结为一组，但是在把手浸入冰水之前先安排两人一起玩15分钟的游戏——《摇滚乐队》(*Rock Band*)。与前两种与陌生人一起参与的条件相比，这一条件下的互不相识的两名被试者会对彼此表现出更强的关心和共情，而这完全是因为他们在愉快合作的氛围里组成了团队，哪怕只有短短的15分钟。这说明想要在团队中或搭档之间增强共情，只需要一起玩一玩音乐就好了！这次研究的带头人杰弗里·莫吉尔（Jeffrey Mogil）对《科学日报》（Science Daily）表示："（实验）结果表明，即便是一起打游戏这样相对肤浅的共同经历，也能让人把处于'陌生人区'的他人移入'朋友区'，并促进有意义的同理心生成。这项研究揭示了一条减轻社交压力的基本策略，它可以帮助我们从共情赤字走向盈余。"

如果愿意和他者一起打游戏，我们就能收获意料之外的回报，比如更好的问题解决能力。西北大学研究员凯瑟琳·W. 菲利普斯的团队，要求实验被试者在模拟的谋杀场景中组队扮演侦探的角色并指认嫌疑人。结果发现，同质化的团队做出决定时会更加自信，尽管他们的判断错误率往往比多元化团队高；而多元化团队虽然准确率更高，在感受上却不如同质化团队自信。同质化群体中的确认偏误（confirmation bias）与对新理念的压制，会营造出一种错误却令人感觉良好的"我们团结在一起"的视角（你应该能回忆起第五章的内容，这正是归属感本能带来的风险），此时，感觉正确就变得比追求真理更重要了。然而，如果我们想继续从多元化视角寻求真理，就必须牺牲掉置身于同质化群体的舒适。要知道，这可是十分艰难的。

不适感的屈伸

我们的大脑就像肌肉一样需要锻炼。正如不从跑一英里开始训练的话是无法跑马拉松比赛的，我们每天都在要求自己的大脑在陌生人面前表现出精英水准的舒适自如。即便是在最好的情况下，这种暴露训练也会让人感觉不舒服。但只有通过这样不适的训练，我们的大脑才能变得更强壮，才能更好地掌控我们的反应，并让本能反应退居二线。

运动员进行训练的时候，他们的肌肉纤维实际上会产生细微的撕裂。这个过程绝对谈不上舒服，而且如此训练往往会导致一定程度的疼痛——我们十分畏惧这种感受，并会尽力去回避它。但就像举重运动员会不断逼自己通过艰难的训练来增长肌肉一样，我们也需要经历一些艰难和努力来让自己的大脑和与"他人"的关系有所成长。将我们的大脑暴露在全新的理念、视角之中，感受其所带来的不适感，就相当于举重训练。而正是在这个空间里，我们才能真正改写大脑中那些关于他人的早已过时的"事实"。

这可能会有助于思考我们的大脑倾向于以何种方式运行。大脑倾向于以二元化的方式进行思考：你要么又舒适又安全，要么你就是马上要死了！所以，即便是稍微踏足不舒适的空间——比如一个人去参加派对、在朋友的婚礼上致辞，或者第一次见对象的家长——大脑都会像是遭遇了真正的威胁一样。

能帮助我们缓解大脑在现代社会中遭受的过大压力的最好却也是最违反本能的干预措施之一，就是**在工作、家庭和社交生活**

中主动寻求不适。不过请务必只以安全健康的方式来执行这种操作！关键是让大脑对我们都有的对周围事物的紧张感脱敏，并主动向那种感觉倾斜，而不是去回避它。

从本质上讲，你会通过解析，将并不值得激发应激反应的事物和值得以应激反应应对的事物区分开来。在这个过程中，你会重新改写大脑中的那些叙述，因为它们在现代环境中早已不再适用了。

有很多充满创意的方式可以用来主动寻求不适感，你甚至不需要通过直接与异于自己的人互动来进行这项练习。你只需要引出我们每个人都会在紧张时出现的应激反应就可以了。比如，你可以和之前从未搭过话的人聊一聊；给同事送一张他们意料之外的感谢便条；报名参加排球赛，即便你从来没打过排球；写一首诗，再当众读出来；发誓24小时里只说真话；对一项原本你会被动接受的任务安排说"不"。

我个人最喜欢的不适锻炼是，找一个可以自己待着的房间，关好房门，播放我最喜欢的音乐——然后开始跳舞。我这里说的并不是左右晃几步再打打响指那种跳舞，而是真正意义上的随着音乐起舞。你会听到脑海里响起一个小小的声音，说着比如"哇，我的屁股可不能那么扭"这样的话。而这正是你改写潜意识中叙述的时机。你当然可以这么扭啦！想怎么扭屁股就怎么扭，因为这个是完全由你掌控的。一旦这种练习让你感觉很舒服了，就邀请朋友一起跳。如果这还不能让你感觉尴尬，请把跳舞的视频录下来发到YouTube上，再把视频链接发给我，这样我就可以在我的"（不再）心怀畏惧"博客（www.rebeccaheiss.com）里分享你的舞姿啦！

上述练习的关键是，重设大脑中相信不适等于必死的那一部分。通过主动寻求不适——被拒绝、忍耐尴尬，以及偶尔跟与自己完全不同的人打打交道——你就能训练自己的大脑，让它意识到这样的情况并不会让你一头扎进真正的危险之中。

一旦你给自己的大脑一个反思行为（让我担心的真的是这段对话吗？）并且衡量行为后果（嘿，我居然还活着！）的机会，你就可以分辨哪些情况存在真正需要战或逃反应的压力，而哪些情况只意味着有一点点尴尬而已！

这样一来，如果不适再度以走进房间的陌生人的形态出现，你的大脑此时已经经历了足够的训练，对身体的反应也拥有清醒的认识了。你可以完全不带恐惧与焦虑地做出反应，也不用冒风险让承受巨大压力、依然执着于生存的大脑承担重要决定了。

踏出舒适区之后，你就能对自己的种族、性别、意识形态、宗教信仰等并不是唯一或者最佳选项这一点抱有更加开放的态度。这固然相当令人不适，却也能唤起深刻的觉醒。他者可能并没有那么可怕，他们很有可能会带来让你所处组织的前景变得更好的解决方案。

关键点

- 有意去做带来干扰的那团"火"。对根植于你所处组织的理念和规则发起挑战。

- 寻找为你所属组织中非优势"物种"消除壁垒的机会。想想如何才能让所有人都能平等发声，平等获得资源。

- 要愿意参与困难的对话。既要请他人对你的意图抱有积极的预期，也要积极地设想他人的意图。

- 对你的"顺风盲区"进行反思。想想他人会对同一起事件有什么不同的体验。

- 积极主动地寻求与异于自己的人共处的机会。

- 运用屏蔽偏见要素的工具来消除招聘中无意识的偏见。

- 运用（不再）心怀畏惧系列挑战来适应不适的感觉。

第七章

信息收集：在混乱中保持好奇心

不久之前，我坐在一片美丽的海滩上，一面看着爱人在浪花中玩耍，一面心满意足地往嘴里送着汉堡。"来吧，过来一起玩！"爱人催促着我，"海水可棒了！"算了吧，我摇摇头，又狠狠地咬了一口手里的汉堡。我才不去呢，我在想，海里没准儿有鲨鱼！

当然，我并不是没留意这种反应有多缺乏逻辑。我很清楚，全球范围内平均每年只会发生两起鲨鱼袭击人类致死的事件；我也知道全美每年都会有超过50万的人死于心脏疾病——而我"安全"地坐在沙滩上吃下那个汉堡很明显是在增加自己这方面的风险。然而即便面对这样的事实，我还是遵循着本能行事。我们所有人都会这样，因为尽管能够接触到前所未有的大量数据，我们还是难以真正理解这一切。

我们因收集信息的本能而被心理学家乔治·米勒贴上了"信息捕食者"的标签。我们渴望获取信息，就像我们渴望垃圾食品、毒品和性爱。加州大学伯克利分校哈斯商学院2019年的一项神经成像研究发现，摄入可卡因和单纯获得新信息点亮的是同一条神经通路。两种做法都会引起奖赏性质的多巴胺爆发。即便得到的信息实际上完全没有帮助，我们也还是会收获多巴胺的奖赏效应。"对于大脑来说，信息本身就是奖赏，不论它究竟是不是有用，"共同研究者之一徐明（Ming Hsu）表示，"而就像它们热爱从垃圾食品中摄取无营养卡路里一样，我们的大脑同样会高估那些让我们感觉良好却没有实际作用的信息。"

收集信息的能力无疑是我们祖先的一种重要的进化适应。能够获取更多的相关信息，从而知道可能哪里会有食物，或者隔壁山洞的梅丽莎有办法搞到能保暖的东西，能帮助人们做出更好的决定以提高生存概率（比如在天气开始转冷的时候对梅丽莎表现得格外友好）。在收集信息的时候，大脑是相信我们正在减轻可能造成错误决定的风险的。而如果能在做出决定之前掌握所有信息，一般来说，我们也会更有机会做出正确的选择。

然而不幸的是，我们消费知识的强烈驱动力早已和当前广阔的信息数据图景极不匹配了。根据国际数据公司（IDC）的统计，全球数据总量将在2025年达到175个泽字节。为了让不懂数据语言的人更好理解这个概念，可以把一个"泽字节"代表的字节数和宇宙中可见的恒星约数等同起来。不过我依然很难对这么大的数字产生概念。数据解决方案平台"节点构造"（NodeGraph）试图通过对2020年全球在1分钟内处理的所有网络数据统计抽样来量化这个概念。而这短短60秒钟内处理的数据包括：2亿封发送的电子邮件、420万次谷歌搜索、470万个观看的YouTube视频，还有480,000条编辑好的推特。看了这个令人眼花缭乱的信息展示，我的脑子里只能想到一个满眼写着"歪头细看！"的卡通人物形象了。

然而，尽管大脑确实跟不上如此海量的信息，我们还是决定（在多巴胺系统的奖赏效应驱使下）去试一试。那么，在这种数据过载的前提下，人类大脑寻找信息的能力如何呢？答案是"相当差劲"。

问题主要分为以下三个方面：

1. 糟糕的数据收集能力。我们收集到的信息远远超过了有用的范围。我们的大脑进化成了收集数据的机器，尽可能地对所有输入信息照单全收。这种做法在我们祖先生活的那个物资稀缺的即刻回报式环境中或许还好，但就像现代环境中大量食物让我们的消化道不堪重负一样，大脑也在大量垃圾信息的摄入下变得臃肿起来。指尖一点就能接触到海量的数据，这反而让我们感觉压力越来越大，越来越不知所措。于是，生存本能开始全面发挥作用，驱使我们去寻找宽慰，寻找快速解决问题的方法，寻找足以解答一切未知的简明答案。不幸的是，即便能找到的信息往往不一定准确，我们还是会为了消解自己对未知的恐惧而贪婪地把它们全部吞下，并由此经常会强化一些可能准确也可能不准确的信念。

2. 糟糕的数据分析能力。我们解读手中数据的能力非常差劲。择优挑选或者被精准投递特定类型的数据之后，我们会将很多毫无意义的节点串联在一起，组成的叙述不一定能准确地反映真实情况。但这种叙述又有助于证明我们做出的决定或支持的立场的合理性。我们的大脑是根据关系和联想来处理信息的。即便对信息的解读并不正确，我们创造出的叙述同样可以成立。

3. 糟糕的数据应用能力。不论是信息的收集、分析还是应用，都只是为了服务于我们自己的目的。然而我们并不会从一个需要一切可能答案的共识问题开始，而是手里先有了一个答案，再去寻找可以通过解读支持这一叙述的信息来证明自己。身处当下这个信息爆炸的环境中，错误应用信息的方式自然也是层出不穷。

接下来，就让我们一起更加深入地探索，看看我们收集信息的本能是怎么在现代世界中使这三个问题日益恶化的。

糟糕的信息收集能力

益百利数据（Experian Data）的一项研究发现，88%的美国公司仍然依赖会对利润造成直接影响的"不良数据"。所谓的"不良数据"也有各种形式，但它大体上指的是错误的、具有误导性的，或者因为数据收集技术不佳而出现缺漏的数据。

高德纳咨询公司2018年的一份研究报告指出，"糟糕的数据质量平均每年给组织带来的财务影响是970万美元"。IBM（编注：国际商业机器公司，一家信息技术和业务解决方案公司）则指出，美国企业每年因此而造成的损失高达3.1万亿美元。讽刺的是，即便是关于不良数据财政影响的数据也有如此广的范围，而这也给不同的解读留下了巨大的空间。

由于可收集信息的来源几乎是无限的，我们就很容易不断增加数据、扩充样本大小，最终陷入自己的信息收集的循环。而结果就是很多完全无关的垃圾数据会搅乱任何可能有用的见解。

在《哈佛商业评论》的一次采访中，通用电气的前CEO杰克·韦尔奇说过："缺乏安全感的管理者只会增加复杂性，既紧张又惊恐的管理者才会运用那种又厚又复杂的计划书和花里胡哨的幻灯片，里面塞满了他们从小到大学到的一切东西。真正的领袖不需要杂七杂八的东西。"然而，我们的日常生活里就充满了杂七杂八的东西——来自个人和工作领域的信息的持续输入：响着铃的手机、健康追踪软件、六个主要的社交媒体和它们缠着人不放的信息和新闻推送。我们以前所未有的速度收集着无数条信息，这让我们深陷追着信息跑而非驱动信息为己所用的循环。而如果我们让信息本身占据主导地位，那就很容易忘记自己最初追求的目标。

给每一个问题都找到对应的答案肯定是一件相当具有吸引力的事，同时也具有进化上的适应性。但是在信息过载的现代环境中，找到毫不含糊的明确答案基本上是不可能的——除非你选择只认可自己的答案。

大量研究表明，社交媒体的应用会增加我们对本来就与自己观点一致的信息的偏爱，从而强化两极分化的观点，增强我们对与己矛盾的信息的排斥倾向。我们会根据自己当前的立场来对看到的第一条认为有意义的信息进行调整,然后再继续收集更多信息支持自己的观点。我在做教授的时候,曾经多次观察到用搜索引擎做研究的学生无意中体现出的这种行为倾向。他们不会在搜索栏里输入需要答案的问题,而是直接就自己已经持有的观点寻找支持。比如我要求学生回答"疫苗有没有危险"这个问题,他们就会直接就"疫苗是危险的"或者"疫苗不危险"去搜索,然后只收集这些搜索项下面的结果。

在简化信息这方面,像"黑/白""正确/不正确""现实/虚构""真新闻/假新闻"这样的过滤,能让所有内容都好应付很多。一旦选中一个阵营,我们就只需要关注支持这一立场的信息。然而,只从一个视角出发去收集数据,并由此只能看到一种立场,必定只能让我们距离真相越来越远。

乐购的例子刚好可以展示只为支持自己的观点而收集数据的做法可能引发的灾难性后果。乐购是一家大规模的零售企业,仅在英国就有超过3500家的门店,它能取得如此大的成功,一定程度上是因为它是最早使用大数据的企业之一。乐购追踪顾客行为,并研究会员卡用户的习惯,以此为依据进行有针对性的广告投放。在2010年——乐购开始分析会员卡数据的20年之后——它的利润增长了7倍。这可真是了不起的成就!但这家公司很快就骄傲自满起来,开始对错误的数据进行收集和评估,并忽视了顾客需求的全局,最终遭受了严重的冲击。

为了把乐购的命运转折讲得更清楚,我们首先要回到1995年。那一年,乐购公开了一项在当时最为先进的营销策略,那就是会员卡制度。所谓的"俱乐部会员卡",会刺激顾客做出更多消费,因为他们的每一次购物都能得到积分,用这些积分兑换的代金券可以用来在乐购门店换购平时经常购买的商品,或者在其他合作企业处使用。想要加入这个"会员俱乐部"的顾客必须提交一系列个人信息,比如家庭住址、电话号码和饮食偏好。此后他们每进行一次购买,会员卡里都能增加一笔积分,乐购也能在购物偏好、购买行为和购物模式方面获得极其详尽的信息。为乐购进行数据分析的邓韩贝(Dunnhumby)公司前CEO埃德温娜·邓恩在2003年的一次采访中告诉《卫报》:"(从数据中)可以看到,有些人对烹饪的全过程都感兴趣,有些人是带着特定的口味偏好来购物的,还有些人只图方便。我们试着透过购物篮里的东西还原出人们背后的生活方式。"乐购还根据顾客的数据生成了定制化的线上与线下折扣,而每当顾客使用这些折扣时,乐购就能得到更多的数据。

乐购的数据收集系统取得了巨大的成就——至少最开始是这样。俱乐部会员卡制度推行一年以后,会员在乐购的消费量增长了28%,在其主要竞争对手的门店消费则减少了16%。除此之外,每次面向消费者举行促销活动,乐购都能从供应商处收取商业费用。

然而到了2013年,乐购的光环开始褪色了。他们钟爱的大数据表明,顾客逐渐厌倦了自己的消费习惯被店家追踪,也对各种噱头和优惠券丧失了兴趣。这些顾客开始转投比如阿尔迪和利德这样的不会追踪数据的折扣店。在监督组织"哪家强?"(Which?)对全英超过11,000名的消费者进行的调查中,乐购因为顾客服务差和定价高昂而被评为最差的超市。

随着利润不断下降，乐购加大了促销力度，试图通过供应商和商业收益获取更多收入，同时试图通过数据分析重新夺回在消费者心中的位置。然而，他们却忽视了一个最重要的细节——顾客想要的是更少的数据追踪和更低的价格。

乐购在许多方面都忽略了这个重点。伦敦大学学院副教授汉娜·弗赖伊（Hannah Fry）在OneZero网站上描述了这样一个案例：一位乐购的顾客因为在自己网上的"最爱商品"购物清单里发现了安全套而大感震惊。她十分确定自己的丈夫从来不用安全套，于是将这一情况反馈给分析人员，抱怨他们一定搞错了她的会员卡数据。分析人员做出了道歉，但是其实他们手里的数据并没有出错。这位顾客的丈夫的确一直在买安全套，只是他从来都不在自己家里用而已！可见，连购物清单也可能暴露隐私。

2015年，乐购公布了96亿美元的亏损，股价也随之大跌。乐购的前CEO特里·莱希爵士在这一时期接受了BBC的采访，并直言乐购没能保住顾客的信任："顾客真正需要的是更低的价格和信得过的价目表。"

而乐购的行动与此恰恰相反。为了证明自己手中数据的价值，乐购逐渐忘记了他们最初为什么要收集这些数据——为了更好地服务顾客。乐购被自身对数据的追逐裹挟，转而试图操纵顾客，而不是更好地为他们服务。

幸运的是，全新的管理和发展方向帮助这家零售巨头将其价值观重新聚焦到消费者身上。2019年的数据显示，乐购的消费者满意度达到了数年以来的最高水平。

不论是市值数十亿美元的大企业、根植本土的小生意，还是寻求答案的好奇个体，如果不能首先停下来考虑一下如何以最好的方式收集数据，就有可能要面对极其严重的后果。

我们往往倾向于相信更多的信息只可能带来更好也更有针对性的结果（多样性本能和收集信息的本能以危险的方式结合在一起）。但收集数据的本能往往将我们引上危险的道路，因为我们天生就会密切关注即时数据——尤其是要把这些数据应用在人身上的时候。数据线索曾经对我们祖先识别和维持自己在部落中的地位至关重要：有谁在附近转悠？他们在吃什么？带头的是谁？谁给他们提供资源？这些人重视什么资源？如此种种，不一而足。收集这一类信息可以填补我们因可能错过的信号造成的空白。但是假如我们将这种本能运用于现在这个数据粒度不断缩小的数字化社会——这个我们每天、每小时甚至每分钟都在衡量自己在"部落"中表现如何的环境——就很容易在杂音中迷失方向，从而忽略更为广大的背景。为了弥补这一点，大脑会引导我们选择某一种滤镜，并且把自己全部的信念都放在单一的选项上，以此对数据进行"简化"，再从此出发，创造一份"干净"的叙述与之匹配。

糟糕的数据分析能力

即便我们能够做到不预先用各种滤镜筛选就能成功得到有意

义的数据，也未必可以在所有这些信息中找到足够持久的含义。我们一向难以正确分析所持的数据，因为大脑很难不直接得出结论。对于我们的祖先来说，能够快速解读信息（比如，如果在夜里看到发光的眼睛，就应该逃跑，因为那可能是危险的掠食者）的人，最终可以通过成功生存并繁衍而"获得胜利"。

接受《华盛顿邮报》采访时，南安普顿大学的社会统计学家保罗·史密斯教授对我们利用数据来叙述的需求做出了如下解释："我们原本只是进化到懂得在森林中搜集果实，条件允许的话就尽可能繁衍的灵长类动物，所以在选择都十分简单、事件不算复杂的前提下，直接跳到结论是很好的策略。但是到了重要的社会政策选择层面，直接下结论就成了严重的问题。"

在这个更为复杂的现代世界中，我们可以（也应该）考量更多外界因素，让自己的叙述变得更加准确。弗雷斯特研究公司（Forrester Research）2018年的一份报告完美诠释了我们与数据之间灾难性的关系："我们被海量数据淹没，却极其缺乏洞察力。"我们或许善于发现模式和规律，但很少有人称得上是训练有素的统计学家。我们越是不堪信息的重负，就越是想把所有事情都弄明白，而这往往对我们不利。

比如，人类会自然而然地把随机关联性与因果关系混淆，我们会为了理解两个变量而建立起虚假的相关性。我们考量的数据粒度越小，就会发现越多的模式，即便这些模式只不过是偶然现象。

哈佛大学法学院学生泰勒·维根用幽默的方式阐述了这个现象，他运用大量的公开数据指出了一系列相当荒诞的随机关联。比如，谁能想到缅因州的离婚率居然和人均人造黄油消费量有99%的相关性呢？这可足够让缅因州的所有已婚人士都开始考虑改吃普通黄油了！

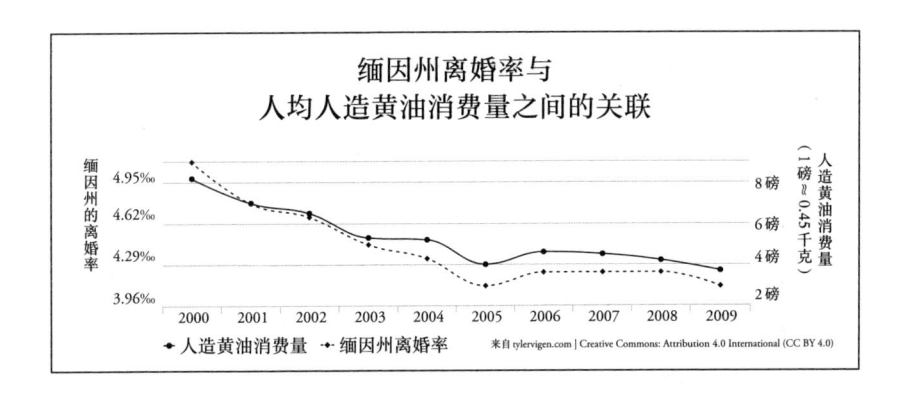

缅因州离婚率与人均人造黄油消费量之间的关联

年份	缅因州的离婚率	人造黄油消费量（1磅≈0.45千克）
2000	4.95‰	8磅
2001	—	—
2002	—	6磅
2003	4.62‰	—
2004	—	—
2005	4.29‰	4磅
2006	—	—
2007	—	—
2008	—	2磅
2009	3.96‰	—

来自 tylervigen.com | Creative Commons: Attribution 4.0 International (CC BY 4.0)

在另一个例子里，维根发现，全美街机厅的总收益与授予的计算机科学专业博士学位的数量之间也存在着99%的相关性。我们可能很容易得出这样一个结论：街机影响着年轻的玩家进入与游戏密切相关的领域接受高等教育。然而这只不过是收集信息的本能把我们引向了歧途而已。

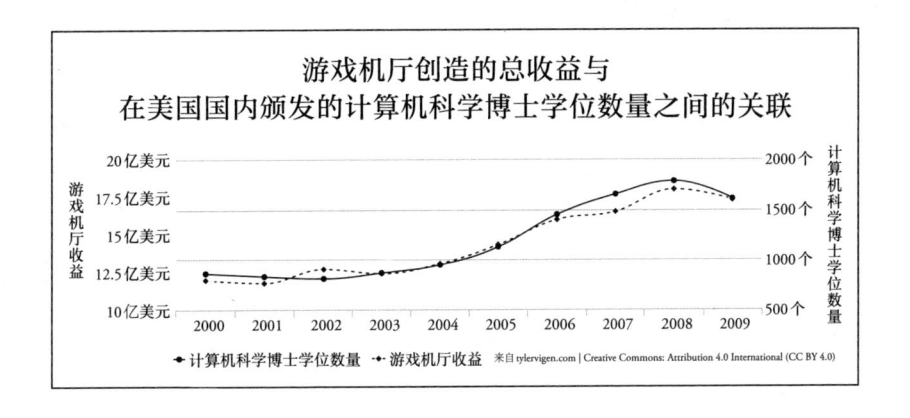

游戏机厅创造的总收益与在美国国内颁发的计算机科学博士学位数量之间的关联

年份	游戏机厅收益	计算机博士学位数量
2000	12.5亿美元	1000个
2001	—	—
2002	—	—
2003	—	—
2004	15亿美元	—
2005	—	—
2006	17.5亿美元	1500个
2007	—	—
2008	20亿美元	2000个
2009	—	—

来自 tylervigen.com | Creative Commons: Attribution 4.0 International (CC BY 4.0)

即便是最聪明的科学家、医生和科研人员，也会被虚假的相关性误导。请回忆一下你上次去做体检的情形。那时候你肯定听说过高密度脂蛋白和低密度脂蛋白，它们也分别叫"好胆固醇"和"坏胆固醇"。因为高密度脂蛋白与较低的心脏病发病率存在关联，所以如果认为服用提高高密度脂蛋白胆固醇的药物应该会有好处，听起来也很符合逻辑。然而，美国国家心肺血液研究所进行过一项临床实验，他们通过烟碱酸提升了被试者的高密度脂蛋白水平，但研究人员发现这并不能降低被试者心脏病发作的风险，实验也由此被叫停。事实证明，高密度脂蛋白只是健康心脏带来的副产品，而不构成心脏健康的原因。

这些正是我们必须警惕的谬误。如果在理解时不够谨慎，我们就很容易成为垃圾数据的牺牲品，运用由数据本身驱动形成的"解决方案"，而这些方案只会强化错误的表述。说到底，缅因州已婚人士的婚姻生活也不需要黄油这个药方！

糟糕的数据应用能力

在数据应用这个问题上，我们需要从一开始就掌握主动权。假如我们搞不清楚自己为什么要利用手上正在收集的数据，也不明白要怎么利用它们，就可能会成为自己数据收集本能的受害者——虽然能得到多巴胺刺激作为奖赏效应，却无法从努力中获得成长。路易斯·卡罗尔有句话说得很好："如果你不知道自己要去哪儿，那么哪一条路都能把你带到目的地。"

带着追求归属感（以及畏惧他者）的本能，我们会去寻找数据来证明自己"部落"的信念的正确性，同时对另一个"部落"的信念进行妖魔化，却从未停下来考虑过可以让两个"部落"围绕一个共同的目的团结在一起。在数据应用不良的情况下没有赢家。而从最开始就对目的是什么做出清晰的定义，能够防止我们在这条糟糕的数据收集、解释和应用的歧途上一条路走到底。

目的取决于组织和个人。我们必须在开始搜寻第一条数据之前首先明确这个目的究竟是什么。我们的目标也由此而生。我们的目的会驱动问题的产生，而问题再反过来驱动数据的产生。比如，如果我们明确了我们的目的是服务客户，那么我们的目的驱动产生的问题就是"如何服务才是最好的？"。我们不会先决定用某一种方式服务客户就是最好的做法，然后只关注能够支持这个结论的数据。不论我们管理的是市值数十亿美元的大企业、人数众多的大家庭，还是自己的日常生活，都不能让数据来定义目的。

在数据占据主导地位的情况下，我们很容易规避那些不符合我们既有价值观的内容，从而忽略那些不支持我们立场的良性数据，又或者为迎合我们观念的数据附加过度的价值。但是如果在一开始就明确定义了目的，在这个目的驱动下产生的问题对一切数据都具有开放性。就像视频播放平台网飞的内容总监泰德·萨兰多斯对我们发出的警示一样："一定要小心不要陷入计算本身，否则你最终会一次又一次地做同样的事情。"正是对任务和目的本身的关注，让网飞免于成为重度依赖算法的牺牲品，也避免了创造力遭遇阻碍。尽管网飞已从其1.83亿订阅用户那里获得大量收益，但是它的承诺——"创造一流服务"——依然是让它不断以用户驱动的新鲜内容打破传统模式的驱动力。网飞始终保持着对自身任务以及作为发展前提的那个问题的关注：我们如何提供一流服务？它的答案可能会随着新数据的出现而改变，但是问题背后的目的不会变。

实际上，网飞近期刚刚对内容推送方式做出了重大的改变。之前，它的网页上会自动播放预告片，但是从2020年开始，预告片的自动播放变成了可选功能。网飞在一则推特中表示："我们清楚地听到了会员的反馈，现在各位会员可以自己控制是否观看自动播放的预告片了。"网飞公司对数据的收集、分析和应用，均服务于它的目的："提供一流服务。"

多年以前，我在一所寄宿学校担任教师，而那所学校的教职人员也都在努力对抗着自己收集信息的本能，只不过可能没有网飞的做法那么优雅而已。我还记得当时我们在会议上花了很多时间讨论一些非常重要的问题，比如要不要开设更多大学课程、评分标准要如何调整、应该布置多少作业等。随着教师和管理人员分别抛出各种数据来证明自己的观点，讨论也不可避免地变得越来越激烈。为了解决这些不断升级的冲突，我们往往需要回想并重新审视自己的核心目的。

一旦我们能想起首先围绕着目的提出问题"这些政策对我们的学生有用吗？"，我们的决策就会变得更易解、更有效率。从这一点出发，重点就变成了为了回答由目的驱动产生的问题而收集正确的信息。如果没有明确的目的，我们的决定就有可能走向各种方向。比方说，如果我们的目的是多赚钱，或者是招收更多学生，又或者是把尽可能多的学生送进最好的大学，我们就很容易做出各种不同的决策。但是假如首先对自己的目的拥有足够清醒的认识，我们就能进一步决定哪些数据值得收集和分析，以获得最好的结果。没有这些根本原则的话，我们的冒险最终往往会走向失败。而这也是乐购陷入的窘境：管理层没能把握住为客户服务这一根本目的，并且开始盲目地追逐数据，即便这些数据早已偏离了企业的核心价值观。

向死而生日与错失之喜

不管是在职业生涯还是个人生活中，我们都有能力把自己的数据收集倾向维持在相对健康的水平。为了做到这一点，我们可以以终为始。思考要如何应用自己收集到的数据，会反过来迫使我们给目的做出清晰的定义。只有这样，我们才能建立起服务该目的所需要收集并分析的数据。

就让我们从想着所有人的最终结局开始吧：想想你有朝一日也会死去。这种现实的苦涩滋味感觉如何？

讽刺的是，似乎只有在得知自己在地球上的时间十分短暂的时候，我们才会持续不断地关注自己的目的。这时我们会本能地转变为目的驱动的动物，而不是只被数据本身所驱使。

所以，我要在这里送各位读者一份礼物——或者说这是我开出的一个药方。你总有一天会死去，我希望这一天在很久很久之后，但我们所有人都不得不面对这个事实。所以为什么不带着对这个事实的认识活在当下，给自己安排几个"向死而生日"。你要在这些日子里提醒自己，你实际上也是寿命有限的凡人，而且无论如何，你都已经被下达了那个人人畏惧的最终诊断。

我是在里卡多·塞姆勒的 TED 演讲上第一次听说"向死而生日"这个概念的，他是作为工业民主典范的赛氏公司（Semco Partners）的 CEO。他管这种日子叫"终末之日"，在这段时间里，他会去做那些自己若时日无多最想做的事情。

你可以在自己的向死而生日里和家人待在一起，在有条件的情况下去旅游，还可以完成一些遗愿清单上的条目。因为等到最后的时刻真正到来，或者你真正得到了不久于人世的诊断时，你很有可能早已衰弱得无法再处理自己的遗愿清单了。所以为什么不现在就把这些事情安排上呢？抽出点时间来，从繁忙的日常中后退一步，暂时抽身去想一想什么才是真正重要的。不然，生活也会在你被忙碌所困时做出它自己的安排。所以，现在就花点时间来帮助自己确定将如何过由目的驱动的生活。

我发现以下这些问题非常有帮助：
- 我必须实现的真正重要的目标是什么？
- 我希望自己或自己的组织以何种方式被人铭记？
- 我是为谁服务的？
- 我怎么做才能让世界变得更好？

• 我要做些什么，才能让我自己、我的孩子或者双亲、我的客户，还有8岁时的自己都为我骄傲？

目的是需要你90%的动力与关注的所在。你的目的直接指向你为了实现自己定义的"伟大"而必须收集并分析的数据。

追逐其他机遇和线索也的确是非常诱人的。每一个亮闪闪的小东西都有其自身的价值。但你也得先问问自己，这些数据是否能帮助你推进自己的目的实现。如果不能，就还是安排好你的时间和注意力为好，不然你很快就会发现自己又开始追逐着与你的远大抱负未必相关的数据绕圈子了。

将关注点缩小到只支持和服务于目的的数据之后，你很有可能会因为错失恐惧症（Fear of Missing Out，也被称为"FOMO"）而感到焦虑。刚开始创业的时候，我也发觉自己受到错失恐惧症的挑战。每一通电话、每一个想见面免费咨询或者做和我任务关注点无关的活动的人，在感觉上都可能成为很好的机会。我太害怕错失重要数据了（以可能推进我目的实现的联系或线索为表现形式），以致我最终完全屈服于自己收集数据的本能。我整天忙着满足别人的需求，完全顾不上推进为达成我自己的目的所必需的深层工作。我让错误的数据占据了主导地位。我不但没去追求有价值的数据，反而收集了一堆无用的七零八碎。

终于明确自己的目的之后，我才能够更容易地对并不能直接推进它实现的机会说"不"。我甚至把FOMO改成了JOMO（Joy of Missing Out，错失之喜）。我知道自己错过的不过是干扰项，这让我在完成自己选择的任务时更开心，也更富有成效了。

有一种办法可以帮你更好地体验错失之喜，那就是严格地把一天中的每分钟都规划进日程表里。不管你在接下来的24小时里打算做些什么——开会、打电话、回邮件、吃零食、看电视、锻炼、刷社交媒体、睡觉、和你的狗狗一起玩——总之把所有活动都安排在日程表里。如此重复7天，你就会很快意识到，在日程表外的事件上花费的时间实际上会为日程表里规划好的事情造成阻碍。每当你对数据的渴望驱使你在某个时段去寻找更多数据时，你就不得不面对一个现实情况：这种冲动会挤掉你为另一项活动安排好的时间。对自己的时间进行全面审计可以帮助你专注于真正需要收集的信息，而不会被困在邮件和社交媒体推文里好几个小时，并陷入收集信息的多巴胺循环。

我完全没有资格为各位的目的或者乐趣做出定义。如果你最大的乐趣就是每天花上5个小时刷社交媒体，那也完全没有问题，只要把这项活动（而不是散步、陪伴家人这种给我个人带来更多乐趣的活动）安排到日程表里就好。要带着意图来安排日程表，这样你就能真正收集到对自己有用的数据，而不是屈从于为数据服务的本能了。

随着目的和数据输入都得到了细化，我们的重心也终于转移到对数据的阐释上了。只要数据中存在一点对模式或者关系的暗示，我们就会很容易落入"填补空白"的旧模式之中。一项在大学生中进行的经典研究揭示了我们多么渴求从数据中解读出意义。史密斯学院的弗里茨·海德和玛丽安·西梅尔给34名大学生播放了一段影片，内容是三个图形（两个三角形和一个圆形）来回移动，一个矩形保持静止。看完影片之后，他们要求学生描述自己看到的内容。除了一名学生，其他所有被试者都为自己的描述赋予了意义或者情绪。在他们的说法中，这些图形要么"焦急"，要么"无辜"，要么"被愤怒冲昏了头脑"，而不是几个随机图形漂浮在屏幕上。

从混乱中创建模式会带给我们一种能够掌控世界的感觉——我们也由此为自己的生命赋予意义。但是如果不再试图掌控自己的叙述，不再试着让它朝着让我们"赢得"辩论的方向倾斜，会发生什么呢？如果我们对他人的视角抱有更强的好奇心，而不是急着下结论或者做出判断，那结果又会怎么样呢？或许如果我们愿意采取"钢铁人诡辩术"（a steel-person approach）的策略（对另一种视角的最佳论点进行测试并收集数据），而不是直接将他人的解读直接与恶意关联起来，我们或许能学着发现并欣赏生活的更多角度。

控制了收集数据的本能，我们的组织和个人生活便都能蓬勃发展起来。请记住，再多的信息都不可能满足我们饥渴的大脑。但正如我们在本书中探索其他本能时发现的，我们每个人都有能力夺回对自己生物驱动机制的掌控。在死亡这个问题上没有"错失恐惧症"可言，明确这一点，有助于我们引导自己的本能去收集生活中那些最有用也最令人愉悦的数据。

关键点

- 愿意将与你的视角相悖的信息纳入考量。
- 仔细检查以确保自己没有陷入暗示因果关系的相关性谬误。
- 保持简单——"真正的领袖不需要杂七杂八的东西。"
- 首先明确自己由目的驱动产生的问题,并让它作为如何应用数据的决策依据。
- 通过重新构建"错失之喜"来消除"错失恐惧"。
- 安排"向死而生日"。
- 保持好奇心,多用"钢铁人诡辩术"构成观点,不要对不符合自己叙述的数据强加负面联想。

结语
变得（不再）心怀畏惧

弟子向禅师发问道："日本人为什么要做那种又薄又精致的茶杯呢？那样的杯子太容易打碎了。"禅师回答说："并不是茶杯太精致了，而是你不知道怎么用这样的杯子。你必须让自己适应环境，而不是反过来让环境适应你。"[摘自大卫·查德威克编写的《照亮世界的一个角落：与铃木俊隆共度的时刻——由弟子讲述的一位禅师的故事》(To Shine One Corner of the World: Moments with Shunryu Suzuki—Stories of a Zen Teacher Told by His Students)。]

在许多方面，人类重塑了我们的生存环境（比如发明了空调、汽车、杂货店），来让它更好地迎合我们的需求。然而，在这样的现代环境中，我们的大脑就像是精致易碎的茶杯。科技和文化的进步塑造了先进的社会，我们并不想让这种进步停滞，但是也必须找到更巧妙的方法来处理我们那脆弱如茶杯的大脑。如果不进行专注且有意识的干预，那么一度解决了我们最大困扰的本能在现代生活中就会破坏我们的生产力和幸福感。但是也不一定就要这样。我们所有人都拥有干预并重设本能的力量。

我父亲大半生都在做牧师的工作。虽然我对自己在硬邦邦的教堂长椅上度过的时间几乎完全没印象了，但我还清晰地记得一场特别的周日布道。爸爸拿着一瓶装满的水站在他的会众面前，拧开水瓶的盖子，开始猛烈地摇晃起瓶子，水洒得到处都是。我忍不住瞪大了眼睛。我记得自己当时在想，教堂里的这点儿事突然变得有意思起来了。

接下来父亲向会众提了一个在我看来很简单的问题："为什么会有水洒出来？"他站在人群面前，一边继续摇着快空了的瓶子，一边回答了自己的问题：有水洒出来，是因为瓶子里装的是水。"那么又有什么会从你们的心中洒出来呢？"父亲继续说，"如果生活也像摇晃这个瓶子一样给你们带来动荡——而这其实是必然的——那么你们的心中又会有什么洒出来呢？"

我想，对于绝大多数人而言，这个答案其实就是"本能"。本能会以各种形态从我们心中"洒"出来：恐惧、偏见、欺骗、杜撰或者其他各种行为。而我们并不是有意识地想要把它们呈现出来并付诸实践的。如果不花些（人人都拥有的）时间开始干预自己的本能，就不算是我们应成为的那种既有能力，又拥有清醒意识的人类了。

我们的大脑生来就是为了保护我们的安全，而在过去的数万年的时间里，它也的确是这样做的。但是时至今日，它开始阻碍我们享受完整的人生了。不加干预的话，我们就无法做出清醒有意识的选择，而只能服从早已写好的"快捷方式"做事。我们远不止本能这点儿能力，值得为自己书写下全新的故事，而这刚好可以从本书中提到的干预开始——这些干预手段最终会让所有人变得（不再）心怀畏惧。

你肯定留意到了，"不再"这两个字是被括号括起来的，这是因为我并不认为变得无所畏惧一定是很好的策略。不论怎么看，因为不害怕就走在行驶着的公交车前面，绝对是个糟糕的选择。但是积极且有意识地决定什么东西值得畏惧是真正拥有力量的体现。这说明你超越了潜意识中的本能，到达了超意识的状态。

面对一个不断变迁的世界，超越潜意识中的本能显得尤为重要。现在，我们比以往任何时候都需要利用我们大脑的清醒意识来保护自己家庭和组织机构的安全与繁荣。

我们所做的决定都有可能影响到我们的工作团队、家庭，乃至所处社群中所有人的生活。这种责任在顺境中本来就是有些令人生畏的负担，在生活遭受严重破坏的情况下——比如新冠肺炎疫情造成的影响——这一重负更是让人难以承受。当前，我们比任何时候都需要寻找适当的方式停下来思考，再以有效、负责且充满共情的方式做出进一步的反应，同时还要留意不在本能的驱使下落入行为的陷阱。我们需要直面危机的真实面貌，而不是立刻跃向惊慌、充满恐惧、本能驱使下的反应。

以下列举的是笔者在这次前所未有的危机中观察到的三种最常见的本能驱使下的行为陷阱，以及可供你避免同样错误的方法。

（全面）恐惧反应1：只解决短期问题

在长时间的压力之下，我们会自然而然地对自己需加以考量的选择进行限制。与开拓视野看到所有可能性恰恰相反，人类的天性会给我们带上眼罩，让我们回归已知的规则——或者至少是我们以为自己知道的那些规则。

实际上，科学证明大脑偏偏会在我们最需要它的时候经历认知障碍（比如记忆力受损、创造力受损、决策能力受损等）。这是大自然"拯救"我们的方式——减少大脑因思考而消耗的大量能量。我们的生理机制会让我们完全依赖于自己的本能。读到这里，想必各位已经知道了，我们的本能这时只会发送这样一个清晰的信号："生存第一，没什么比当下这一刻更重要了。"

与在短时间内迅速解决问题相比，一个更加（不再）充满畏惧的反应方式是改变叙述并放眼于长期。问问自己："这个问题在十二个月以后会怎样？"在不确定的环境里解决一个眼前的问题，可能意味着明天会有全新的问题出现，又或者你"修正"的其实并不是真正的问题。通过改变叙述，并保持着眼于长期的视角，你就可以确保自己对形势的发展有更多的准备，而不会接受那种静态的短期解决方案。

（全面）恐惧反应2：自我意识增强

对不确定性的另一种本能反应就是重新树立我们的专家和权威形象。虽然我们当然都很喜欢清晰的信息和引导，但是倘若我们面临的是某些前所未有的情况，一些最基本的问题（比如"这种情况要持续多久？"）都无法获得解答，并且我们对此并不比他人拥有更多知识或者更好的条件，那么假装自己知道答案就是十分有害的。对我们来说，虽然在家人和团队面前表现出明确的意愿很重要，但是一定程度的脆弱性也是不可或缺的。没有全部的答案也没关系。实际上，承认自己没有全部的答案反而是人们需要听到的。它既能展露同理心，又能让你示范动荡的日子中最需要的平静心态和稳定的情绪。

我们完全可以既以强力方式进行领导，同时也表达出我们的怀疑或不确定——最伟大的领袖都是这样做的。实际上，危机时期更需要谦逊。与其因为传递了可能并不准确的信息而丧失信任，不如直接站在非专家的脆弱立场上来应对问题。这表示你更有可能找到可靠的信息来源。自信的领导需要对自己知道和不知道的东西进行区分，并将这些信息提炼为清晰而准确的沟通。

我在之前的章节中也提到过，我的好友兼导师阿蒂·艾萨克总是在他的电脑屏幕边贴着一张即时贴，好让自己每天都能看到。即时贴上写着："我是本次航班的机长。"它能提醒阿蒂应该用冷静而清晰的声音与朋友、家人和同事沟通。

你可能经历过令人不快的飞机颠簸，如果没有过这种体验，也可以想象自己坐在疾驰的过山车上,而你从最开始就根本不想坐上来。在颠簸的航程中,你几乎不可能听到机上广播里传来机长这样的声音:"啊,我完全不知道发生了什么,真是太吓人了!"这样一来情况会非常可怕。不过机长也不太可能如此广播:"我完全清楚现在是什么情况,这都是我有意而为的,请享受这段航程吧!"这么说可能比上一种表态还要恐怖。实际上,机长只会在广播里平静地说出:"我是本次航班的机长。"然后用清晰且冷静的态度传达出:1.机长本人知晓的情况("我们现在正遭遇气流颠簸");2.机长并不知晓的情况("尚不清楚何时能驶出这股气流");3.机长为了获得答案并解决问题所采取的手段("我们已经同空中交通指挥中心取得了联系,希望尽快找到一条更平稳的航线,我们会在得到更多信息之后再次进行广播")。

人人都想成为专家。人人都想消除自己所处团队中的痛苦,尤其是消除所爱之人的痛苦。然而有时我们能做到的最善良的事情也不过是坦诚相待而已。我们越能舒适地就自己不知道的事物展开交流,就能收获越多信任,而我们身边的人们也就越容易熬过颠簸动荡的时刻。

(全面)恐惧反应3:捉迷藏

不确定性会让我们暂时"瘫痪"。在压力巨大的情况下,如果我们感觉自己的思路不够清晰,本能就会对我们发出冻结或者撤退的信号。感觉乱了阵脚的时候,我们并不愿意面对他人,而是会减少乃至完全停止沟通,直到我们更好地掌握了情况为止。想想看,这会给向你寻求答案的人带来多大的损害。

不确定的局面真正需要的其实正是这种(全面)恐惧反应的反面。作为员工和家人的领袖,这种局面实际上比完全正常的情况更需要我们的沟通和在场。对于这些人来说,比不了解眼前发生的情况更让人失望的就要数你的主动回避了。虽然我们能传达的信息不一定可以用来解决问题,但是沟通本身就能减轻他们那种在格外脆弱的时刻被人遗忘或抛弃的感觉。

试想你坐在颠簸的飞机上,却完全听不到机长的广播,那会是一种什么感觉!你可能会以为情况比想象中的还要糟糕,并由此在毫无价值的行为螺旋中越陷越深。回避问题只会让这个问题在我们身边的人们眼里变得更为严重。飞行员与机上乘客的沟通或许并不会把我们带到更安稳的航线上,但它会让我们的感觉稍微舒服一些,因为我们知道有人和我们一起共渡难关。我们身处的社群并不需要我们拥有全部答案,也不需要我们立刻找出解决问题的办法,但他们需要我们通过频繁的沟通来平息恐惧。

责备他人没能做出有效的回应也是毫无价值的行为。当然,身边的环境中发生重大动荡时,我们都或多或少会做出一点这样的(全面)恐惧反应。但是我们同样可以选择有意识地做得更好,有意识地去抵抗生理机制默认的选项。(全面)恐惧的时刻正需要(不再)心怀畏惧的领导力:不论经历着多么动荡的时期,你都拥有足够的力量去超越自己的本能,成为家人和团队最需要的领袖。

我个人最欣赏的名言之一来自查尔斯·达尔文，那句话是这样说的："能够生存下来的并不是某个物种里最强壮的，也不是最聪明的，而是适应能力最强的。"而我希望我们也有能力——如果不是责任的话——去改变并且成长。

进化历史上发生了一件十分罕见的事情：人类成功地让自己脱离了自然选择带来的日常压力，我们不再每天都需要为了生存而奋战，而人类也因此达到了前所未有的自由水平——这在动物的世界里是绝无仅有的。

人类可以随着时间的推移逐渐重塑并改写自己的大脑，并让自身脱离自然选择，这个事实意味着我们手中原本就掌握着惊人的力量和控制力。如何运用这种力量完全取决于我们自己。从本能手中夺回控制权之后，你会做些什么呢？

致谢

在此，对本书得以顺利问世，以及在这一过程中帮助过我的人们致以诚挚的感谢。

首先，我想感谢我的原生家庭。

感谢我的妈妈，你是我人生中的第一位老师、编辑和啦啦队队员。感谢你在无数个夜晚指导我，为我歌唱，感谢你无条件地爱着我。

感谢我的爸爸，你教会我热爱自然、写作和白日梦。感谢你并不是即便我不完美却依然爱我，而是因为我的不完美而爱我。

感谢我的姐妹，感谢你多年以来一直把聚光灯转向我，默默为我提供乘风飞翔的助力。感谢你让我得以自由翱翔。

感谢大卫，感谢那些有你的音乐陪伴我写作的夜晚；感谢你的勇气，以及拥抱生命赋予你的一切的无畏热情。感谢你让我知道了艺术无所不在。

感谢沃伦，感谢你对自己邂逅的每一个人付出的温暖与关爱。

感谢佩妮，感谢你的热情与支持，感谢你一直站在我这一边。

感谢雪莉，感谢你让我们这个在地理上相隔遥远的大家族依然紧密团结在一起。

感谢大卫和劳拉，感谢你们永不动摇的慷慨、开放的胸襟，以及与共同的强敌（1型糖尿病）奋战的精神。

感谢克雷格和艾莉，感谢你们即便在我的乌鸦实验在你们的冰箱里进行的时候依然愿意维持我的健康，供我吃饱喝足，让我充满了活力。

感谢奥玛（译注："Oma"这个词在德语里是奶奶或姥姥的昵称，看作者的姓氏她可能也有德裔背景），感谢你愿意让我喊你"奥玛"，感谢你通过Zoom和我一起共享鸡尾酒，感谢你在女性赋权成为潮流很久之前就赋予女性力量（而你自己也是一位充满力量的女性）。

感谢桑迪奶奶，感谢你的支持、力量与关爱。

感谢莱克西、卡姆、达拉斯、克里斯季（钱斯和帕克斯顿），感谢你们让我捧腹大笑，让我对下一代充满信心。

感谢我的表兄弟姐妹莫利（还有伊森）、亚历克斯（和梅丽莎）、内森、科里，还有他们的孩子们（玛蒂尔达和海耶斯）。没有比你们更好的玩伴、知己和老牌友了。

感谢我的祖父母，我每天都想念你们。

感谢金，时至今日，我也会在我的世界里看到你翻白眼的表情，听到你的笑声。

然后，感谢我选择的家庭。

感谢德摩特，你是我的一生挚爱。感谢你的平静、你的耐心、你长久而坚定的支持。你正是你所珍视的勇气、智慧与正直的体现。Tá grá agam duit i gcónaí.（爱尔兰语，意为"我永远爱你"。）

感谢康纳和杰克，感谢我们之间的那些争辩、对话与晚餐，感谢你们让你们的爸爸（绝大多数时候都能）保持理智。能够加入你们的生活是我的荣幸。

感谢安和伊恩，感谢你们接纳我，并提醒我不时停下来去欣赏一场美妙的现场音乐会。

感谢我亲爱的珍妮，感谢你的那些鼓励，感谢我们一起经历的音乐、焰火、眼泪、歌唱，感谢彼此关心的日子，感谢吃着燕麦片的清晨和痛饮红酒的傍晚。拥有你的人生就像一首不断延续的诗歌，这首诗我永远也不想读到尽头。（啊对了，还要感谢你那无数的早期编辑工作！）

谢恩和阿莱茵（Allaine），感谢你们，感谢你们，感谢你们（重要的事情说三遍）。阿莱茵，我一直期盼着长大以后能拥有你那样的幽默感、随和的善意，以及对生命的热情。谢恩，你远比你自己所知的要了不起，而且你永远都是。可得把这种嬉皮劲儿维持下去哟，宝贝儿。

帕蒂和斯图亚特，感谢你们在我走投无路的时候为我遮风挡雨。感谢你们接纳我，让我重新振作起来，重新找到了自己的目标，感谢你们爱着我这个任性的陌生人。

艾琳和维基，感谢你们教会我读书写字，更重要的是，感谢你们教会我去爱。你们两个对我的启迪远远超过了我在二年级和三年级的课堂上学到的东西。感谢你们一直对我充满信心。

感谢我过去所有的学生：我从你们身上学到的远比我能教给你们的更多。能成为你们的老师是我此生最大的光荣之一。

最后，还要感谢付出了大量时间让本书成为现实的人们。

露辛达·哈尔彭，感谢你对我和这本书的支持。感谢"露辛达文学"（Lucinda Literary）团队的全体成员（尤其是康纳·艾克）——感谢你们愿意给我这样充满未知的新人一次机会。我会永远感激这份恩情。

感谢丽莎·斯威廷汉姆那令人难以置信的编辑工作。我至今都不知道你到底是怎么做到的，你就像能钻进我的脑子里一样，把我的想法以我完全无法企及的方式变成了白纸黑字。感谢你把我的声音转化成远比我自己的词句有力得多的表述。

感谢"图书高光"（Book Highlight）的专家和导师，尤其是马特·米勒和彼得·诺克斯，感谢你们手把手地教我如何把本书推向合适的读者群体。感谢你们不论昼夜随时都能关注到我的需求，就好像我是你们唯一的客户一样。感谢你们让每周五的通话都是那么愉快！

最后，还要大力感谢丹妮斯·西尔维斯特罗（Denise Silvestro）和"肯辛顿图书"（Kensington Books）团队全体成员，感谢你们愿意提拔我这个毫无经验的新人，并慷慨地引导我完成整个出版流程。这真是荣幸之至。感谢出版编辑亚瑟·梅塞尔和苏珊·希金斯，感谢我的文字编辑兼设计师雷切尔·赖斯，你对细节的认真和关注让这本书能够以最有意义的方式呈现出来。感谢艺术总监克里斯廷·诺贝尔，感谢她全情投入地设计了本书的封面和令人眼前一亮的护封（也感谢她愿意和最顽固的批评家——我——一起工作！）。还要对营销总监安·普赖尔说一声感谢，感谢她帮助我把这本书送到各位读者手中。

参考文献

A. Bessi, et al. "Science vs Conspiracy: Collective Narratives in the Age of Misinformation," *PLoS One 10*, 2 (2015), e0118093.

A. Bessi, et al. "Trend of Narratives in the Age of Misinformation," *PLoS One 10*, 8 (2015), e0134641.

A. Bessi, et al. "Viral Misinformation: The Role of Homophily and Polarization." *Proceedings of the 24th International Conference on World Wide Web Companion* (International World Wide Web Conferences Steering Committee, Florence, Italy, 2015), 355–356.

Abend, L. Financial stress and its cost (2019). Retrieved 11/13/20 from retirement.johnhancock.com/us/en/viewpoints/financial-wellness/financial-stress-what-s-the-cost.

Adalian, J. "Inside the Binge Factory." *New York Magazine*, June 11, 2018.

Ahmed, K. "Tesco: Where it went wrong." BBC News, January 19, 2015.

Akala, A. "U.S. Economy Lost $16 Trillion Because of Racism, Citigroup Says." NPR, October 23, 2020.

Aknin, L. B., Dunn, E. W., and Norton, M. I. Happiness Runs in a Circular Motion: Evidence for a Positive Feedback Loop between Prosocial Spending and Happiness. *Journal of Happiness Studies, 13* (2012), 347–355.

"Apple employees break their vow of secrecy to describe the best—and worst—things about working for Apple." *Business Insider,* December 14, 2016.

B. J. Casey, Leah H. Somerville, Ian H. Gotlib, Ozlem Ayduk, et al. "From the Cover: Behavioral and Neural Correlates of Delay of Gratification 40 Years

Later." *Proceedings of the National Academy of Sciences, 108,* 36 (August 29, 2011), 14998–15003.

B. R. "Nothing to fear except fear itself—Southwest Airlines accused of profiling Muslims." *Economist,* November 23, 2015.

Balliet, D., Norman Li, A. P., Macfarlan, S. J., and Van Vugt, M. "Sex Differences in Cooperation: A MetaAnalytic Review of Social Dilemmas." *Psychological Bulletin, 137,* 6, (2011), 881–909.

Bass, B. M., and Yammarino, F. J. Congruence of Self and Others' Leadership Ratings of Naval Officers for Understanding Successful Performance. *Applied Psychology, 40,* 4, (1991), 437–454.

Beilock, S. L., Rydell, R. J., and McConnell, A. R. Stereotype Threat and Working Memory: Mechanisms, Alleviation, and Spillover. *Journal of Experimental Psychology: General, 136,* 2, (2007), 256–276.

Bell, J. "'Anxious' or 'excited'? How to find your stress sweet spot." *Irish Times,* August 29, 2017.

Belluz, J. SEC charges Theranos CEO Elizabeth Holmes with fraud(March 14, 2018). Retrieved 11/13/20 from www.vox.com.

Berkes, H. "30 Years After Explosion, Challenger Engineer Still Blames Himself." NPR: *All Things Considered,* January 28, 2016.

Bertrand, Marianne, and Sendhil Mullainathan. "Are Emily and Greg More Employable Than Lakisha and Jamal? A Field Experiment on Labor Market Discrimination." *American Economic Review, 94,* 4 (2004) 991–1013.

BetterUp's New, Industry-Leading Research Shows Companies That Fail at Belonging Lose Tens of Millions in Revenue (September 16, 2019). Retrieved 11/14/20 from www.betterup.com.

Bob Sullivan and Hugh Thompson. *The Plateau Effect: Getting from Stuck to Success.* New York: Dutton, 2013. [Excerpted with permission from the publisher. All Rights Reserved.]

Bradley Ruffle and Ze'ev Shtudiner. "Are GoodLooking People More Employable?" No. 1006, Working Papers, Ben-Gurion University of the Negev, Department of Economics, 2010.

Britain's Favourite Fast-Food Restaurants and Coffee Shops Revealed.

Market Force Information (market force.com), March 21, 2016.

Brown, A. E. *Ridehail Revolution: Ridehail Travel and Equity in Los Angeles*. UCLA, 2018.

Brown, B. *Rising Strong*. Penguin Random House Canada, 2015.

Byers, D. "BuzzFeed to cut salaries, CEO to go unpaid." NBC News (n.d.).

C. Colson, D. Boyle, J. Smithson, S. Beaufoy, et al. *127 Hours*. Twentieth Century Fox Home Entertainment, 2010.

Cal Newport. *Deep Work: Rules for Focused Success in a Distracted World*. New York: Grand Central, 2016.

Chun Siong Soon, Marcel Brass, Hans-Jochen Heinze, and John-Dylan Haynes. "Unconscious Determinants of Free Decisions in the Human Brain" *Nature Neuroscience*, April 13, 2008.

Chun, B. "Better Decisions Through Diversity" (October 1, 2010). Retrieved 11/14/20, from insight.kellogg. northwestern.edu.

Cliff Young—the farmer who outran the field." *Farm Progress* (n.d.).

Cole, K. C. "Correlation Is Not Causation." *Washington Post,* March 8, 1995.

"College Student Is Removed From Flight After Speaking Arabic on Plane." *New York Times*, April 17, 2016.

Couric, K. Capt. "Sully Worried About Airline Industry." CBS News, February 10, 2009.

Cueva, C., Roberts, R., Spencer, T. et al. Cortisol and testosterone increase financial risk taking and may destabilize markets. *Scientific Reports (Nature)*, 5, 11206 (2015).

C. Hsu, M. J. Garside, A. E. Massey, and R. H. McAllister-Williams. Effects of a Single

Mocanu, L. Ross, Q. Zhang, M. Karsai, and W. Quattrociocchi. "Collective Attention in the Age of (mis) Information." *Computers in Human Behavior, 51*(2015), 1198–1204.

Data Visualizations: Sexual Harassment Charge Data U.S. Equal Employment Opportunity Commission. (n.d.).

David DeSteno, Monica Bartlett, Jolie Wormwood, Lisa Williams, and

Leah Dickens. "Gratitude as Moral Sentiment: Emotion-Guided Cooperation in Economic Exchange," *Emotion, 10* (2010), 289–293.

Davis, B. The cost of bad data: Stats (March 28, 2014). Retrieved 11/14/20 from econsultancy.com.

Davis, J. "How Lego clicked: the brand that reinvented itself." *Guardian,* June 4, 2017.

Dose of Cortisol on the Neural Correlates of Episodic Memory and Error Processing in Healthy Volunteers, *Psychopharmacology* 167 (2003), 431–442.

Doheny, K. Clutter Control: Is Too Much "Stuff" Draining You? Retrieved 11/13/20 from www.webmd. com/balance/features/clutter-control#1.

Duffy, B. E., and Hund, E. Gendered Visibility on Social Media: Navigating Instagram's Authenticity Bind. *International Journal of Communication, 13* (2019).

Dunn, E. W., Aknin, L. B., and Norton, M. I. "Spending Money on Others Promotes Happiness." *Science, 319,* 5870 (March 21, 2008), 1687–1688.

Dvorsky, G. The 12 cognitive biases that prevent you from being rational (2013). Retrieved from io9.com/ 5974468/the-most-common-cognitive-biases-that-pre-vent-you-from-being-rational.

80,000 Hours Podcast: Why we have to lie to ourselves about why we do what we do (2020).

E. Schiappa, P. B. Gregg, and D. E. Hewes. "Can a Television Series Change Attitudes About Death? A Study of College Students and Six Feet Under." *Death Studies, 28*, 5 (June 2004), 459–474.

Eavis, P. "Diversity Push Barely Budges Corporate Boards to 12.5%, Survey Finds." *New York Times,* September 15, 2020.

Edelman, Benjamin, Michael Luca, and Dan Svirsky. "Racial Discrimination in the Sharing Economy: Evidence from a Field Experiment." *American Economic Journal: Applied Economics*, 9, 2 (2017), 1–22.

Edward Schiappa, Peter Gregg, and Dean Hewes. "Can One TV Show Make a Difference? Will and Grace and the Parasocial Contact Hypothesis." *Journal of Homosexuality, 51* (2006), 15–37.

Ena Inesi and Daniel Cable. "When Accomplishments Come Back to Haunt

You: The Negative Effect of Competence Signals on Women's Performance Evaluations." *Personnel Psychology* (2014).

Engel, P., and Bertrand, N. "What Brian Williams has lied about." *Business Insider,* February 13, 2015.

Eric Fink. "Stress: The Health Epidemic of the 21st Century."scitechconnect. elsevier.com/stress-health-epidemic-21st-century.

Eurich, T. "What Self-Awareness Really Is (and How to Cultivate It)." *Harvard Business Review*, January 4, 2018.

F. Zollo, et al. "Debunking in a World of Tribes" (2015). arXiv.org: 1510.04267.

Fiona MacDonald. "Science Says That Technology Is Speeding Up Our Brains' Perception of Time." *Science Alert*, November 19, 2015.

Fletcher, C., and Bailey, C. Assessing self-awareness: Some issues and methods. *Journal of Managerial Psychology*, *18*, 5 (2003), 395–404.

Folley, A. Ernst & Young catches heat over reported training exercise advising women on how to dress, act around men. TheHill, October 21, 2019.

Froh, J. J., Emmons, R. A., Card, N. A., et al. Gratitude and the Reduced Costs of Materialism in Adolescents. *Journal of Happiness Stud*ies, *12*, (2011), 289–302.

From Consumers to Creators: The Digital Lives of Black Consumers. Diverse Intelligence Series. Nielsen Company, 2018.

Fry, H. "What Algorithms Know About You Based on Your Grocery Cart" (September 13, 2018). Retrieved 11/14/20 from onezero.medium.com.

Gambino, L. "Southwest Airlines criticized after incidents involving Middle Eastern passengers." *Guardian* (US news), November 21, 2015.

Gene Weingarten. "Pearls Before Breakfast: Can One of the Nation's Great Musicians Cut through the Fog of a D.C. Rush Hour? Let's Find Out." *Washington Post*, April 8, 2007.

Ginsberg, L., and Haddleston Jr., T. HBO's "The Inventor": How Elizabeth Holmes fooled people about Theranos (March 20, 2019). Retrieved 11/13/20 from www. cnbc.com.

Goldin, Claudia, and Cecilia Rouse. "Orchestrating Impartiality: The

Impact of 'Blind' Auditions on Female Musicians." *American Economic Review*, *90*, 4, (2000), 715–741.

González, V. M., and Mark, G. "Constant, Constant, Multitasking Craziness": Managing Multiple Working Spheres. *Proceedings of the SIGCHI Conference on Human Factors in Computing Systems* (April 2004), 120–133.

Greenfield, R. "Having More Women CEOs Won't Fix the Gender Gap." *Bloomberg Businessweek*, December 12, 2019.

H. E. Adams, L. W. Wright, Jr., and B. A. Lohr. "Is Homophobia Associated with Homosexual Arousal?" *Journal of Abnormal Psychology 105*, 3 (1996), 440–445.

H. J. Schachtel. *The Real Enjoyment of Living*. New York: Dutton, 1954, 37.

H. Taijfel. "Experiments in Intergroup Discrimination," *Scientific American*, *223*, 5 (November 1970), 96–102.

Haq, H. "Can a TV sitcom reduce anti-Muslim bigotry?" *Christian Science Monitor*, January 30, 2016.

Harman, O. "Does Biology Make Us Liars?" *New Republic*, October 5, 2012.

Hartmans, A., and Leskin, P. *Business Insider*, August 11, 2020.

Healy, M. Memory, emotions can trip up time perceptions. *Los Angeles Times*, March 9, 2009.

Heider, Fritz, and Marianne Simmel. "An Experimental Study of Apparent Behavior." *The American Journal of Psychology*, *57*, 2 (1944), 243–259.

Hewlett, S. A., Marshall, M., and Sherbin, L. "How Diversity Can Drive Innovation." *Harvard Business Review*, December 2013.

Hopkins, B., and Schadler, T. *Digital Insights Are the New Currency of Business* (2018). Retrieved from www. forrester.com.

[University of California—Berkeley Haas School of Business.] "How information is like snacks, money, and drugs—to your brain: Researchers demonstrate common neural code for information and money; both act on the brain's dopamine-producing reward system." ScienceDaily, June 19, 2019.

How much data is on the internet? (March 26, 2020). Retrieved 11/14/20 from www.nodegraph.se.

Huchinson, A. "What Happens on the Internet Every Minute." SocialMediaToday, August 11, 2020.

Hunt, V., Yee, L., Prince, S., and Dixon-Fyle, S. *Delivering through diversity*(2018). Retrieved www.mckinsey.com/business-functions/organization/our-insights/ delivering-through-diversity.

Isaacson, W. "The Real Leadership Lessons of Steve Jobs." *Harvard Business Review,* April 2012.

Iyengar, S. S., and Lepper, M. R. When Choice Is Demotivating: Can One Desire Too Much of a Good Thing? (2000), doi.org/10.1037/0022-3514.79.6.995.

Iyengar, S. S., Wells, R. E., and Schwartz, B. "Doing Better but Feeling Worse: Looking for the 'Best' Job Undermines Satisfaction." *Psychological Science, 17,* 3 (2006), 143–150.

J. C. Tilburt, E. J. Emanuel, T. J. Kaptchuk, F. A. Curlin, and F. G. Miller. "Prescribing 'Placebo Treatments': Results of National Survey of US Internists and Rheumatologists," *BMJ* [British Medical Journal], *337* (2008), a1938.

J. Howick, F. L. Bishop, C. Heneghan, J. Wolstenholme, et al. "Placebo Use in the United Kingdom: Results from a National Survey of Primary Care Practitioners," *PLoS* [Public Library of Science] *One, 8* (2013), e58247.

Jackson, T., Dawson, R., and Wilson, D. The Cost of Email Interruption. *Journal of Systems and Information Technology, 5,* 1 (2004).

Joseph, P. N., Sharma, R. K., Agarwal, A., et al. Men Ejaculate Larger Volumes of Semen, More Motile Sperm, and More Quickly When Exposed to Images of Novel Women. *Evolutionary Psychological Science, 1* (2015), 195–200.

Judge, T. A., Livingston, B. A., and Hurst, C. Do nice guys—and gals—really finish last? The joint effects of sex and agreeableness on income. *Journal of Personality and Social Psychology, 102,* 2 (2012), 390–407.

Justin B. Echouffo-Tcheugui, Sarah C. Conner, Jayandra J. Himali, et al. Circulating cortisol and cognitive and structural brain measures: The Framingham Heart Study. *Neurology, 91,* 21 (November 2018).

Kan, M., Levanon, G., Li, A., and Ray, R. L. Job Satisfaction: More

Opportunity and Job Satisfaction in a Tighter Labor Market(2017). Retrieved from www. conferenceboard.org.

Katherine W. Phillips, Katie A. Liljenquist, and Margaret A. Neale. "Is the Pain Worth the Gain? The Advantages and Liabilities of Agreeing with Socially Distinct Newcomers." *Personality and Social Psychology Bulletin, 35* (2009), 336–350.

Kathyrn Mayer. "HRE's Number of the Day: Coronavirus Stress." hrexecutive.com/hres-number-of-the-day-coronavirus-stress.

Keegan, S. "Lost hiker eats beloved pet dog who saved his life in desperate bid to survive in Canadian wilderness." *Daily Mirror* (U.K.), November 2, 2013.

Kelly, J. "More Than Half of U.S. Workers Are Unhappy in Their Jobs: Here's Why and What Needs to Be Done Now." *Forbes,* October 25, 2019.

Kenji Kobayashi and Ming Hsu. Common neural code for reward and information value. *Proceedings of the National Academy of Sciences, 116*, 26 (June 2019), 13061–13066.

King, I. "Cisco CEO Tells Staff Jobs Are Safe, Urges Others to Avoid Cuts." Bloomberg, April 8, 2020.

Klofstad, C. A., Anderson, R. C., and Peters, S. Sounds like a winner: voice pitch influences perception of leadership capacity in both men and women. *Proceedings of the. Royal Society Bulletin, 279* (2012), 2698–2704.

Korkki, P. "Business Guides: How to Improve Your Productivity at Work." *New York Times*.

Lafrance, Marianne, and Woodzicka, Julie. "Prejudice: The Target's Perspective*." No laughing matter: Women's verbal and nonverbal reactions to sexist humor.* (1998).

Lakhani, Karim. "Broadcast Search in Problem Solving: Attracting Solutions from the Periphery, 1." Portland International Conference on Management of Engineering and Technology, 6 (2006), 2450–2468.

Larson, E. Research Shows Diversity + Inclusion = Better Decision Making at Work (September 25, 2017). Retrieved 11/14/20 from www.cloverpop.com.

Laurie A. Rudman, Corinne A. Moss-Racusin, Julie E. Phelan, Sanne Nauts. Status incongruity and backlash effects: Defending the gender hierarchy motivates prejudice against female leaders. *Journal of Experimental Social Psychology, 48,* 1 (2012), 165–179.

Leah D. Sheppard et al. "A Man's (Precarious) Place: Men's Experienced Threat and Self-Assertive Reactions to Female Superiors," *Personality and Social Psychology Bulletin,* July 2015.

Leslie Zebrowitz, Benjamin White, and Kristin Wieneke. "Mere Exposure and Racial Prejudice: Exposure to Other-Race Faces Increases Liking for Strangers of That Race." *Social Cognition, 26* (2008), 259–275.

Libet, B. Unconscious cerebral initiative and the role of conscious will in voluntary action. *Behavioral and Brain Sciences, 8,* 4 (1985), 529–539.

Loewenstein, G. Hot-Cold Empathy Gaps and Medical Decision Making. *Health Psychology, 24,* 4 (Suppl.) (2005), 549–556.

"Lost in Translation: Honda Jazz not Fitta for Scandinavia" (December 17, 2015). Retrieved 11/14/20 from www.originsinfo.com.au.

Del Vicario, et al. "The Spreading of Misinformation Online." *Proceedings of the National Academy of Science USA, 113,* 3 (2016), 554–559.

M. G. Haselton. "The Sexual Overperception Bias: Evidence of a Systematic Bias in Men from a Survey of Naturally Occurring Events, *Journal of Research in Personality, 37* (2003), 34–47.

Mark, G. et al. "The cost of interrupted work: more speed and stress." *Computer Human Interaction,* 2008.

Martin Daly and Margo Wilson. Crime and Conflict: Homicide in Evolutionary Psychological Perspective. *Crime and Justice, 22* (1997), 51–100.

Martin, L. J., Hathaway, G., Isbester, K., Mirali, S., et al. Reducing social stress elicits emotional contagion of pain in mouse and human strangers. *Current Biology, 25,* 3 (2015), 326–332.

Martin, R. L. "Management by Imagination." *Harvard Business Review,* January 19, 2010.

Mayer, K. Employee stress levels caused by COVID19. Retrieved 11/13/20 from hrexecutive.com/hres-number-of-the-day-coronavirus-stress.

Meyer, Z. "Starbucks racial-bias training will be costly." *USA Today,* May 29, 2018.

Meyers, L. "White lies intended to be innocent still have potential to harm." *Kansas State Collegian*, April 25, 2014.

Microsoft throws stack ranking out the window (n.d.). Retrieved 11/14/20 from www.impraise.com.

Miller, C. C., Quealy, K., and Sanger-Katz, M. "The Top Jobs Where Women Are Outnumbered by Men Named John." *New York Times*, April 24, 2018.

Mineo, L. "Over nearly 80 years, Harvard study has been showing how to live a healthy and happy life." *Harvard Gazette*, April 11, 2017.

Missing Pieces Report: The 2018 Board Diversity Census of Women and Minorities on Fortune 500 Boards. Alliance for Board Diversity, 2018. Retrieved from www.theabd.org.

Morgan, N. Body Language—9. Retrieved 11/13/20 from publicwords.com/2008/05/08/body-language-3.

Morse, P. "Council Post: Six Facts About the Hispanic Market That May Surprise You." *Forbes,* January 9, 2018.

Moss-Racusin, C.A., and Rudman, L.A. Disruptions in Women's Self-Promotion: The Backlash Avoidance Model. *Psychology of Women Quarterly*, 34 (2010), 186–202.

Nave, G., Nadler, A., Dubois, D., et al. Single-dose testosterone administration increases men's preference for status goods. *Nature Communnications*, 9, 2433 (2018).

NIH stops clinical trial on combination cholesterol treatment. National Institutes of Health (NIH) news release, May 26, 2011.

Not Just a Job: Quality of Work in the U.S. (2019). Retrieved 11/13/20, from www.gallup.com/education/267590/great-jobs-lumina-gates-omidyar-gallup-report-2019.aspx.

"Oreo's 'Daily Twist' wins Cannes Cyber Lions Grand Prix." Cannes Lions social media case study (June 21, 2013). Retrieved 11/14/20 from www.digitalstrategyconsulting.com.

Pammolli, F., Magazzini, L., and Riccaboni, M. The productivity crisis in pharmaceutical R and D. *Nature Reviews Drug Discovery, 10* (2011), 428–438.

Perception of Time Pressure Impairs Performance. *ScienceDaily*, February 16, 2009.

Phillips, B. L., Mehay, S. L., and Bowman, W. R. *An Analysis of the Effect of Quantitative and Qualitative Admissions Factors in Determining Student Performance at the U.S. Naval Academy* (2004). Retrieved from apps.dtic. mil/ sti/citations/ADA427695.

Pierce, L., Dahl, M. S., and Nielsen, J. In Sickness and in Wealth: Psychological and Sexual Costs of Income Comparison in Marriage. *Personality and Social Psychology Bulletin*, *39*, 3, (2013), 359–374.

Raval, S. "Challenger: A Management Failure." *Space Safety Magazine*, September 8, 2014.

Reinsel, D., Gantz, J., and Rydning, J. *The Digitization of the World From Edge to Core* (2018). www.seagate. com/files/www-content/our-story/trends/ files/idc- seagate-dataage-whitepaper.pdf.

Rong Wang, Hongyun Liu, Jiang Jiang, and Yue Song. Will materialism lead to happiness? A longitudinal analysis of the mediating role of psychological needs satisfaction. *Personality and Individual Differences*, *105* (2017), 312–317.

Sacks, D. "The Story of Oreo: How an Old Cookie Became a Modern Marketing Persona" (October 23, 2014). Retrieved 11/14/20 from www.fast company.com.

Schwartz, B., Ward, A., Monterosso, J., et al. Maximizing versus satisficing: Happiness is a matter of choice. *Journal of Personality and Social Psychology*, *83*, 5 (November 2002), 1178–1197.

"Scientist Explained His Theory With Wit and Homey Parables." *New York Times*, *3*(April 19, 1955), 26.

Silvia, P. J., and O'Brien, M. E. Self-awareness and constructive functioning: Revisiting "the human dilemma." *Journal of Social and Clinical Psychology*, August 2004.

Simler, K., and Hanson, R. *The Elephant in the Brain: Hidden Motives in Everyday Life*. Oxford University Press, 2018.

Simon, H. *Administrative Behavior: A Study of Decision-Making Processes in Administrative Organization*. New York: Macmillan, 1947.

Starcke K, Wiesen C, Trotzke P, Brand M. Effects of Acute Laboratory Stress on Executive Functions. *Frontiers in Psychology*, 7, 461.

Stulp, G., Buunk, A. P., Verhulst, S., and Pollet, T. V. Tall claims? Sense and nonsense about the importance of height of US presidents. *Leadership Quarterly,* 2013.

Sutton, A., Williams, H. M., and Allinson, C. W. A longitudinal, mixed method evaluation of self-awareness training in the workplace. *European Journal of Training and Development, 39,* 7 (2015), 610–627.

Teitel, A. S. "Challenger Explosion: How Groupthink and Other Causes Led to the Tragedy." (December 13, 2019) . Retrieved 11/14/20 from www.history.com.

"Tesco voted the worst supermarket in the UK: Stores given poor marks in pricing, customer service and fresh produce quality in annual poll." *Daily Mail,* February 19, 2013.

"The card up their sleeve." *Guardian,* July 18, 2003.

The Costs of Poor Data Quality (2018). Retrieved 11/14/20 from www.anodot.com.

Tichy, N., and Charan, R. "Speed, Simplicity, Self-Confidence: An Interview with Jack Welch." *Harvard Business Review,* September 1989.

[McGill University.] "The secret of empathy: Stress from the presence of strangers prevents empathy, in both mice and humans." ScienceDaily, January 15, 2015.

Tobin, J. "The prisoner's dilemma." *Michigan Today,* September 26, 2019.

Vaynerchuk, G. Giving Without Expectation (2015). Retrieved 11/14/20 from www.garyvaynerchuk.com.

W. M. Muir. "Genetics and the Behaviour of Chickens: Welfare and Productivity." *Genetics and the Behaviour of Domestic Animals*, 2nd ed. Purdue, 2013, 1–30.

Wakabayashi, D. "Contentious Memo Strikes Nerve Inside Google and Out." *New York Times*, August 8, 2017.

Walter Mischel and Ebbe B. Ebbesen. "Attention in Delay of Gratification." *Journal of Personality and Social Psychology, 16,* 2 (1970), 329–337.

Wansink, B., and Sobal, J. Mindless Eating: The 200 Daily Food Decisions We Overlook. *Environment and Behavior*, *39*, 1 (2007), 106–123.

web.mit.edu/bentley/www/papers/phonebookCHI15.pdf.

Why It's So Hard to Pay Attention, Explained by Science. Retrieved 11/13/20 from www.fastcompany.com.

William James. "The Will to Believe." In Steven M. Cahn (ed.), *"The Will to Believe" and Other Essays in Popular Philosophy* (1st pub. New York: Longmans, Green, 1896), 1–15.

Woerner, Jacqueline et al. "Predicting Men's Immediate Reactions to a Simulated Date's Sexual Rejection: The Effects of Hostile Masculinity, Impersonal Sex, and Hostile Perceptions of the Woman." *Psychology of Violence*, *8*, 3 (2018), 349–357.

Wolman, D. "A tale of two halves." *Nature*, March 15, 2012.

Woodzicka, J. A., and LaFrance, M. Real Versus Imagined Gender Harassment. *Journal of Social Issues*, *57*, (2001), 15–30.

www.pewresearch.org/fact-tank/2014/02/ 03/what-people-like-dislike-about-facebook.

www.tylervigen.com/spurious-correlations.

XPRIZE. (n.d.). Retrieved 11/14/20 from www.xprize. org/about/people/naveen-and-anu-jain.

Zenger, J., and Folkman, J. "Research: Women Score Higher Than Men in Most Leadership Skills." *Harvard Business Review*, June 25, 2019.